Vertrauen durch Strategie

Urs Frey

Vertrauen durch Strategie

Strategien in KMU einfach entwickeln und damit Vertrauen schaffen

Springer Gabler

Urs Frey
St. Gallen, Schweiz

ISBN 978-3-658-12939-2 ISBN 978-3-658-12940-8 (eBook)
DOI 10.1007/978-3-658-12940-8

Die Deutsche Nationalbibliothek verzeichnet diese Publikation in der Deutschen Nationalbibliografie; detaillierte bibliografische Daten sind im Internet über http://dnb.d-nb.de abrufbar.

Springer Gabler

Gedruckt auf säurefreiem und chlorfrei gebleichtem Papier.

Springer Gabler ist Teil von Springer Nature
Die eingetragene Gesellschaft ist Springer Fachmedien Wiesbaden
(www.springer.com)

Für Antonella
Manche Menschen wissen nicht,
wie wichtig es ist, dass sie einfach da sind,
wie gut es tut, ihre Liebe zu spüren,
wie tröstlich ihr Lachen wirkt,
wie wohltuend ihre Nähe ist und
wie viel ärmer wir ohne sie wären.

Vorwort

Es freut mich sehr, dass Sie in diesem Buch blättern. Sollten Sie dies tun, weil Sie ein wie auch immer begründetes Interesse an Strategieentwicklung haben, bin ich umso mehr erfreut. Dann gehören Sie nämlich zu jenen auserwählten Führungskräften in Klein- und Mittelunternehmen (KMU), die eine bewusste Strategieentwicklung für ihr Unternehmen als notwendig erachten. Damit sind Sie anderen bereits ein Stück dieser alles entscheidenden Nasenlänge voraus! Für den Rest habe ich nachfolgende Seiten geschrieben. Ich wünsche Ihnen gutes Überholen!

Strategieentwicklung schenkt Vertrauen In einer Welt, die uns mit ihrer rasanten Dynamik, immer neuen Vernetzungen und zum Teil beunruhigender Instabilität fordert und teilweise überfordert, wird Vertrauen schwieriger und wichtiger zugleich. Unternehmen, die nicht bereit sind, Vertrauen als Teil ihrer Unternehmenskultur zu etablieren, müssen sich durch Reglementierungen, teure Risikominimierung und permanente Kontrolle für diese Zukunft wappnen. Ist Vertrauen hingegen in ihrer Unternehmenskultur fest verankert, eröffnen ihnen Kooperationen neue Möglichkeiten, zeigen Mitarbeiter verantwortungsvolles Handeln und steigern diese Unternehmen in Summe ihre Effizienz.

Strategiearbeit kann wesentlich dazu beitragen, einen Vertrauensprozess im Unternehmen in Gang zu bringen. Dafür ist zuallererst der Inhaber gefordert, Vertrauen zu schenken, damit der Vertrauensfluss in Gang kommen kann. Das ist eine Frage der Haltung und damit die zentralste Führungsaufgabe, die man innehaben kann – nämlich Vorbild zu sein. Aber, Vertrauen betrifft alle! Die Mitglieder des Strategieteams müssen darauf vertrauen, dass alle Beteiligten die relevanten Informationen und den aktuellen Stand der Überlegungen aus ihren Geschäftsbereichen in den Prozess einbringen. Die Mitarbeiter des Unternehmens müssen weiter darauf vertrauen, dass die Führung mit Blick auf das große Ganze die richtigen Entscheidungen treffen wird. Und die Führung wiederum muss darauf vertrauen, dass die Mitarbeiter das, was mit Blick auf eben diesen großen Entwicklungspfad an kleinen Schritten, an Prozessen und Strukturen vereinbart und eingeführt wurde, auch umgesetzt und gelebt wird. Gefordert ist hier jeder – der Geschäftsführer, die Führungskräfte und die Mitarbeiter. Davon, dass es sich rechnet, am Aufbau von Vertrauen zu arbeiten, erzähle ich in diesem Buch. Denn nichts wirkt motivierender als das geteilte Vertrauen, ein Unternehmen gemeinsam in eine erfolgreiche Zukunft führen zu können!

Die Veränderungen in unserer Umwelt erfordern eine Neupositionierung Viele KMU kämpfen heutzutage mit erschwerten Rahmenbedingungen wie vermehrtem Preisdruck, kürzeren Innovations- und Produktionszyklen, verstärktem internationalem, ja globalem Wettbewerb oder dem Eintritt aggressiver Konkurrenten. Die Herausforderungen sind vielfältiger, die Umwelt ist schneller und die Kunden sind anspruchsvoller geworden. Die Auswirkungen dieser Veränderungen sind für die Unternehmen intensiv, in vielen Fällen sogar existenziell bedrohlich. Umso wichtiger wird professionelle Strategieentwicklung – auch für KMU. Unternehmen, die sich davor verschließen, werden langfristig nicht erfolgreich sein können.

Die Zeit für das Wichtige fehlt Doch leider gibt es gerade in KMU kaum eine niedergeschriebene Strategie. Meine Erfahrungen haben mir gezeigt, dass sich KMU in der Gründungsphase zwar intensiv mit Zielen und Strategien auseinandersetzen, diese aber danach in den Hintergrund rücken. Das hat einen einfachen Grund: Die Entwicklung von KMU ist eng mit den Führungspersonen verknüpft. Sie haben die strategischen Eckpunkte ihres Unternehmens im Kopf und treffen die wichtigsten Entscheidungen. Selbstverständlich stehen diese Personen zudem unter enormem zeitlichem Druck. Das operative Tagesgeschäft vereinnahmt sie so sehr, dass scheinbar keine Zeit für Strategiearbeit mehr bleibt. Da sich Führungspersonen aber stark mit der Firma identifizieren und meist über eine lange Zeit eng mit ihr verbunden sind, entwickeln sich KMU häufig auch ohne abschließend formulierte Strategie geradlinig und konsequent. Entsteht plötzlich der Bedarf an einer Neupositionierung, zum Beispiel aufgrund der eingangs erwähnten Veränderungen in ihrer Umwelt, wird irgendwann doch der Ruf nach einer Strategie laut. Wenngleich auch meist etwas widerwillig, da Strategiearbeit häufig als „etwas für Große" abgetan wird.

Strategische Entscheidungen im Alltag Wer ein Unternehmen gründet und führt, verfolgt Ziele. Damit diese auch erreicht werden, müssen Entscheidungen gefällt, Maßnahmen eingeleitet und Ressourcen zugewiesen werden. Jeder Unternehmer trifft – bewusst oder unbewusst – regelmäßig Entscheidungen mit strategischem Charakter: zum Beispiel der Ersatzkauf einer Produktionsmaschine einer neueren, leistungsfähigeren Generation, die Aufnahme einer ergänzenden Produktlinie in den Verkauf oder das Offerieren einer bisher nicht erbrachten Zusatzdienstleistung auf Wunsch eines Kunden. Solche Entscheidungen verändern das Unternehmen möglicherweise nachhaltig. Gerade in KMU werden sie häufig aus der Situation heraus gefällt. Die strategisch wichtige Frage, in welche Richtung sich das Unternehmen entwickeln würde, wenn sich der Unternehmer anders entschieden hätte, bleibt unbeantwortet. Eine Strategie hilft KMU, diese Entscheidungen nicht intuitiv, sondern zielgerichtet zu fällen. Denn kein Unternehmen kann es sich leisten, seine Ressourcen zu vergeuden.

Strategieentwicklung ist einfach Das vorgestellte Verfahren – sieben einfache Schritte zur Entwicklung einer Strategie – beruht nicht nur allein auf persönlichen Erfahrungen aus meiner Arbeit mit zahlreichen Unternehmen, sondern auch auf empirischen Untersuchungen, fundierter Theorie und nicht zuletzt einer kritischen Auseinandersetzung mit der Materie in den vergangenen 20 Jahren meiner Tätigkeit. Ich habe das Privileg, im Zuge meiner Arbeit einen vertieften Einblick – und damit das Vertrauen – in unterschiedlichste KMU im deutschsprachigen Raum zu erhalten. Als Moderator in Unternehmerforen, als Berater in Unternehmen oder als Lehrbeauftragter an der Universität St. Gallen, der Universität Liechtenstein oder der Steinbeis-Hochschule Berlin, wo ich Strategieentwicklung in KMU in Form von einfach nachvollziehbaren und praxisgerichteten Methoden seit Jahren für Inhaber und Führungskräfte aus mittelständischen Unternehmen unterrichte, sehe ich die Herausforderungen, Chancen und Potenziale dieser Unternehmen jeden Tag aufs Neue. Basierend auf diesen Erfahrungen habe ich das hier vorgestellte Verfahren entwickelt. Besonders wichtig dabei war es mir, Komplexität zu vermeiden und eins zu eins anwendbare Schritte zu schaffen. Geht es nach dem Feedback meiner Kunden, ist mir das auch gelungen. Immerhin bringen die es zustande, ihre Strategie in nur einem Tag zu Papier zu bringen. Ich bin mir sicher, das wird auch Ihnen gelingen!

Viel Spaß beim Lesen und bei der Erarbeitung Ihrer Strategie,

Urs Frey

Danksagung

Obwohl das Schreiben eines Buches häufig ein einsames Unterfangen darstellt, kommt dennoch kein Autor ohne Hilfe aus. Ich möchte all jenen danken, die mich bei diesem Buch inspiriert, begleitet und unterstützt haben, einschließlich vieler Teilnehmer meiner Weiterbildungsveranstaltungen, den Unternehmern meiner Erfahrungsaustauschgruppen und den zahlreichen Firmen, die mir meine Fragen offen und ehrlich beantwortet haben. Sie haben mir durch viele unterschiedliche und herausfordernde Mandate, die ich auf dem Weg zu diesem Buch bewältigen durfte, immer wieder Vertrauen geschenkt und mir dadurch mit den Jahren das nötige Selbstvertrauen gegeben, um dieses Buch überhaupt erst zu schreiben.

Darüber hinaus möchte ich meinem Freundeskreis und allen Kolleginnen und Kollegen des KMU-Institut der Universität St. Gallen dafür danken, dass sie mich ermuntert haben, meine langjährigen Erfahrungen mit KMU und mittelständischen Familienunternehmen zu Papier zu bringen.

Danke an den Verlag, insbesondere an Eva-Maria Fürst, für das mir entgegengebrachte Vertrauen. Ein großer Dank geht auch an Cathrin Rickus und Vanessa Müller für die grafische Umsetzung meiner Ideen. Ein ganz besonderer Dank gebührt Birgit Schreder-Wallinger, ohne sie wäre das Buch nicht möglich gewesen.

Ihnen, liebe Leser, danke ich für Ihr Vertrauen und die Zeit, die Sie meinen Gedanken schenken.

Abschließend möchte ich jenen danken, die mir zu Hause immer wieder Unterstützung gaben: meiner Frau Antonella für das Vertrauen und meiner Tochter Giulia und meinen Sohn Alessandro für ihr Verständnis. Sie haben sich nicht darüber beklagt und Einfühlungsvermögen gezeigt, wenn ich viel arbeitete – selbst dann, wenn ich dies am Wochenende tat.

Urs Frey, im März 2016

Handhabung des Buches

Sie haben mittlerweile sicherlich erkannt, dass ich ein Verfechter einer niedergeschriebenen Strategie bin – auch für KMU und Familienunternehmen. Leider teilen diese Einschätzung noch immer zwei Drittel dieser Unternehmen nicht. Viele dieser Unternehmen haben sich noch nie bewusst mit Strategiearbeit auseinandergesetzt oder zeigen sogar einen ausgeprägten Widerwillen, das zu tun. „Keine Zeit" heißt es dann oft oder „Was soll denn das bringen?" wird skeptisch gefragt. Gehören Sie auch zu dieser Gruppe? Wenn ja, dann gratuliere ich Ihnen, dann halten Sie nämlich das richtige Buch in Händen. Für Sie habe ich es geschrieben! Genau Ihnen möchte ich beweisen, dass Strategiearbeit kein Jahresprojekt sein muss und Sie das Zeug dazu haben, es zu tun. Gehören Sie zu dieser Gruppe, dann lade ich Sie jetzt ein, alle sieben Schritte zur Strategieentwicklung zu durchlaufen. Mit den dazugehörigen Arbeitsblättern und den klaren Verfahrensanweisungen werden Sie zügig vorankommen und innerhalb eines Tages Ihre fertig formulierte Strategie in Händen halten!

Sie zählen sich nicht ganz zu den Strategieneulingen? Es gibt ihn Ihrem Unternehmen so etwas wie ein Strategiepapier? Sie haben Kennzahlen definiert, die für Sie als strategische Zielsetzung dienen? Wenn Sie sich in dieser Gruppe wiederfinden, dann empfehle ich Ihnen, insbesondere die Schritte eins bis vier (Unternehmensanalyse, Umweltanalyse, Konkurrenzanalyse und TOWS-Matrix) zu durchlaufen. Die dort vorgestellten Verfahren werden Ihnen helfen, Ihr Unternehmen ganzheitlicher zu betrachten als Sie es vielleicht bisher getan haben. Mit Hilfe dieser Verfahren werden Sie Ihre Strategie um wichtige Stoßrichtungen erweitern und bemerken, dass Sie viel mehr können als bloße Umsatzvorgaben zu setzen und Kennzahlen zu erreichen. Ergänzen können Sie diese neuen Erkenntnisse in den Schritten fünf bis sieben (Vision, zentrale Werte und Führungsleitsätze, Nutzenpotenziale erkennen, strategische Geschäftsfelder positionieren) und so Ihrer Strategie mehr Ganzheitlichkeit und Aktualität verleihen.

Ich empfehle meinen Kunden, ihre Strategie alle drei bis fünf Jahre hinsichtlich ihrer Aktualität zu prüfen. Wenn Sie das vage Gefühl haben, dass es bei Ihnen schon etwas länger zurückliegen könnte, dann fordere ich Sie auf, Ihre alte Strategie aus dem Ordner zu kramen und Sie anhand der sieben Schritte zur Strategieentwicklung zu überprüfen. Geht es Ihnen primär um eine Neupositionierung Ihres Unternehmens, können Sie dies auch über eine gezielte Veränderung der strategischen Kontur Ihres Leistungsangebots oder durch die Veränderung Ihres Geschäftsmodells erreichen. In diesem Fall müssen Sie Ihre Strategie nicht zwingend überarbeiten, sondern können geradeaus zu Kap. 4 (Auf dem Weg zu Ihrer Positionierung) schreiten. Dort erfahren Sie, wie Sie durch eine Neubewertung Ihrer Kernelemente oder die Visualisierung und anschließende Veränderung der neun Schlüsselelemente Ihres Geschäftsmodells schnell und sicher zu einer Neupositionierung kommen können.

Wo auch immer Sie sich wiederfinden, Sie alle werden am Ende des Tages etwas Neuwertiges in Händen halten: entweder eine „fix fertig formulierte" Strategie oder ein neu erarbeitetes Geschäftsmodell. Beides wird Ihnen entscheidend dabei helfen, anderen diese bereits angesprochene Nasenlänge voraus zu sein, und Ihnen ganz nebenbei eine gehörige Portion Vertrauen in Ihre Kompetenzen schenken.

Ich habe mich bemüht, Ihnen die Sieben Schritte zur Strategieentwicklung so nachvollziehbar wie möglich aufzubereiten. Zu jedem Schritt steht Ihnen ein Arbeitsblatt zur Verfügung, das Sie kostenlos unter www.urs-frey.com downloaden können. Klare Arbeitsanweisungen führen Sie durch die sieben Verfahrensschritte. Branchenspezifische Beispiele, die ebenfalls auf obig genannter Website verfügbar sind, dienen zur Orientierung und geben wertvolle Anregungen. Außerdem unterstützt Sie ein Glossar mit den Erklärungen zu den wichtigsten Begriffen beim Verstehen des Geschriebenen und ein Sachwortverzeichnis beim Nachblättern einzelner Inhalte.

Sollten Sie dennoch auf Hürden stoßen oder einfach nur Fragen haben, dann freue ich mich auf Ihre Kontaktaufnahme. Sie erreichen mich per E-Mail unter info@urs-frey.com.

Und so kommen Sie zu den Arbeitsblättern und Beispielen: Sie finden auf meiner Website, www.urs-frey.com, unter dem Menüpunkt BÜCHER den Unterpunkt „Download Arbeitshilfen". Wenn Sie auf diesen klicken, öffnet sich ein Dialogfenster, das Sie auffordert, Ihren Namen inklusive E-Mail-Adresse anzugeben. Sobald Sie das getan haben, erhalten Sie den gewünschten Zugang zum kostenlosen Download der Arbeitsblätter und sonstiger Arbeitshilfen.

Sie werden bemerken, dass ich mich dazu entschieden habe, nur die männliche Form in meinem Buch zu verwenden. Selbstverständlich sollen hier nicht Frauen (gegenüber Männern) diskriminiert werden! Es dient einzig und allein der besseren Lesbarkeit. Liebe Leserinnen, ich hoffe, ich stoße hier auf Ihr Verständnis!

Inhaltsverzeichnis

Der Autor

Urs Frey (Dr. oec. HSG) ist Mitglied der Geschäftsleitung und Leiter Consulting & Services des Schweizerischen Instituts für Klein- und Mittelunternehmen (KMU-HSG) sowie Mitgründer und Mitglied der Geschäftsleitung des Centers for Family Business der Universität St. Gallen (CFB-HSG). Als Lehrbeauftragter für Betriebswirtschaftslehre an der Universität St. Gallen (HSG), Referent für Unternehmensführung und Strategisches Management der Steinbeis-Hochschule Berlin (SHB) und an der Universität Liechtenstein lehrt und forscht er im Themenbereich strategische Unternehmensführung in mittelständischen Familienunternehmen.

Urs Frey war verantwortlich für zahlreiche Studien wie zum Beispiel die Strukturanalyse für den Schweizerischen Anwaltsverband, die erste große Nachfolgestudie der Schweiz sowie Untersuchungen zu Ausbildungen im Baubereich. Derzeit untersucht er zusammen mit Studierenden der Universität St. Gallen Unternehmen aus ausgewählten Branchen, um neuartige Strategiemuster und innovative Geschäftsmodellmuster zu identifizieren. In zahlreichen Praxisprojekten (Beratungs- und Coaching-Mandate) und in den von ihm geleiteten Erfahrungsaustauschgruppen sowie im Single Family Office Forum (SFOF) setzt er sich seit über 20 Jahren mit den unterschiedlichen Führungsaspekten und -eigenheiten von familiengeführten Unternehmen im deutschsprachigen Raum auseinander.

Er referiert sehr erfolgreich als geschätzter Dozent bei zahlreichen Einzelkursen und an oft mehrmals jährlich durchgeführten Seminarreihen in Diplom- und Masterstudiengängen zu den Themen strategische Unternehmensführung und Geschäftsmodellentwicklung. Als Autor und Mitglied des Redaktionsteams der ku-Publikation ist er seit 2008 einerseits für die erfolgreiche Kooperation mit der PostFinance und andererseits für den Leadartikel und die Auswahl und Abstimmung der vertiefenden Artikel verantwortlich. Die Praktikerzeitschrift erscheint zweimal jährlich mit einer Auflage von 30.000 Stück in den Sprachen Deutsch, Französisch und Italienisch und gehört aufgrund der klaren und pragmatisch geschriebenen, gut recherchierten Artikel und der themenspezifischen Konzepte inzwischen zu den wertvollsten Nachschlagewerken vieler Startups und Kleinunternehmen in der Schweiz.

Urs Frey ist zudem Verwaltungsrat dreier zum Teil internationaler Familienunternehmen und einer beruflichen Vorsorgestiftung, wo er seit 2012 auch in der Anlagekommission über die Anlagestrategie mitentscheidet. Außerdem ist er Mitglied im Stiftungs- und auch im Vermögensanlagerat dreier kirchlicher Stiftungen in Deutschland.

Urs Frey ist im deutschsprachigen Raum als Keynote Speaker zu den Themenbereichen Vertrauen, Strategie, Geschäftsmodellentwicklung und Veränderungsmanagement tätig. Als renommierter Business-Experte spricht er die Sprache seiner Zuhörer, stellt mit fundiertem Wissen Denkmuster infrage, regt zu Gesprächen an und befeuert Diskussionen. Nicht zuletzt ist Urs Frey ein Mann der Praxis, der es versteht, konkrete Strategien und Schritte, die Veränderungen herbeiführen können, aufzuzeigen. Nach der Matura studierte Urs Frey Wirtschaftswissenschaften an der Universität St. Gallen (HSG) und promovierte 2002 dort zum Dr. oec. HSG. Von September 2007 bis August 2013 hatte er eine Juniorprofessur für Strategisches Management an der Steinbeis-Hochschule Berlin (SHB) inne.

Mehr dazu unter www.urs-frey.com

Urs Frey ist erreichbar unter folgender E-Mail-Adresse: info@urs-frey.com.

1 Einführung: Warum Vertrauen wichtig ist und was eine Strategie damit zu tun hat

Alles Reden ist sinnlos, wenn das Vertrauen fehlt. (Franz Kafka)

1.1 Sie können vertrauen oder bezahlen

Sind Sie schon einmal so richtig hinters Licht geführt worden? Jeder von uns kann wohl hier seine Geschichte dazu erzählen – egal ob im beruflichen oder privaten Kontext. Wahrscheinlich haben Sie sich damals geschworen, Ihre Lektion zu lernen und sich künftig davor zu rüsten. Damit Ihnen das sicher nicht noch einmal passiert!

Vertrauen ist ein zartes Pflänzchen. Die Geschehnisse in unserer jüngsten Vergangenheit haben nicht dazu beigetragen, Vertrauen zu mehren. Terroranschläge erschütterten unser Vertrauen in grundlegende Freiheiten, die Sicherheit von Staaten und womöglich in eine Zukunft in Frieden. Der Kollaps der Finanzmärkte führte dazu, dass Anleger und Sparer ihr Vertrauen in das System verloren. Staatsbankrotte ließen Bürger ratlos zurück und die Integrität ihrer Politiker hinterfragen. Wir leben in einer Welt, die es uns immer schwieriger macht, einander zu vertrauen. Viel wohler fühlen wir uns, wenn wir Dinge selbst entscheiden oder in die Hand nehmen können. Egal ob im privaten, beruflichen oder wirtschaftspolitischen Kontext, wir legen unsere Zukunft ungern in die Hände anderer, sondern gestalten diese lieber selbst.

So versuchen wir nun, uns mit hieb- und stichfesten Verträgen, erhöhten Sicherheitsvorkehrungen und noch mehr Regulierungen gegen Fehlentwicklungen und Missbrauch zu schützen. Was früher per Handschlag vereinbart wurde, bedarf heute eines zehnseitigen Vertrags. Überregulierungen demotivieren moderne Landwirte, ein Bio-Siegel anzustreben und innovative Unternehmer, sich ihre Erfindung patentieren zu lassen. Wir rüsten uns für den nächsten Lebensabschnitt und

U. Frey, *Vertrauen durch Strategie*, DOI 10.1007/978-3-658-12940-8_1

unterschreiben noch im siebten Himmel einen Ehevertrag. Kein Wunder, dass uns die Fähigkeit, zu vertrauen, immer mehr abhandenkommt.

Aber muss das zwingend ein Problem sein? Kann Vertrauen nicht einfach gut bleiben und Kontrolle besser sein? Geht es nach dem renommierten US-amerikanischen Experten für Führung und Organisationsentwicklung, Stephen Covey, dann ist eine Welt ohne Vertrauen problematisch. Für Covey ist Vertrauen für unser Wohlergehen unerlässlich – und das nicht nur im privaten Bereich. Mangelt es in Unternehmen an Vertrauen, entstehen laut Covey große Reibungsverluste, die Zeit und Geld kosten (Covey 2009). Besonders nachvollziehbar erklären lässt sich diese These an den Auswirkungen des Anschlags von 9/11 auf den Flugverkehr. Um die Sicherheit und das Vertrauen im Flugverkehr zu verbessern, wurden die Kontrollen erheblich verschärft. Die Resultate waren eine empfindlich längere Verweildauer der Fluggäste am Flughafen und natürlich deutliche Mehrkosten für die Betreiber. Damit wandelt sich Vertrauen vom sozialen, schwer messbaren Wert zum harten ökonomischen Faktor. Sinkendes Vertrauen bedeutet einen erhöhten Zeit- und Kostenaufwand. Gesteigertes Vertrauen hingegen bringt Unternehmen mehr Schnelligkeit und geringere Kosten.

Auch wenn Sie sich mit Ihrem Unternehmen gut etabliert und Sie Ihr beschauliches, aber ertragreiches Marktsegment gefunden haben, werden Sie von Zeit zu Zeit immer wieder einmal bemerken, dass Sie sich vor Veränderungen im Kundenverhalten, Trends oder Ihren Konkurrenten nicht ganz verstecken können. Tut sich in diesen Bereichen etwas, dann geht es meist darum, sich schnellstmöglich auf diese neue Situation einzustellen. Also um Schnelligkeit. Und dass Kosteneffizienz immer ein Thema ist und dass es das in Zeiten des sich öffnenden Marktes, internationaler Vernetzung und steigender Rohstoffpreise noch stärker werden wird, muss an dieser Stelle nicht näher erläutert werden. Stimmt die These von Covey – und davon bin ich übrigens überzeugt – dann zahlt es sich aus, sich über Vertrauen im Unternehmen Gedanken zu machen.

Dieser Meinung sind nicht nur Management-Experten. In einer aktuellen Umfrage des Schweizerischen Instituts iConfi gaben 80 % der befragten Führungskräfte der DACH-Region an, dass ihnen Vertrauen im Allgemeinen sehr wichtig sei (siehe Abb. 1.1). Darüber hinaus wird auch die Bedeutung von Vertrauen im beruflichen Kontext immer häufiger erkannt (Tammena 2015).

Strategiearbeit und was dahinter steckt

Ich lernte in meinem Betriebswirtschaftsstudium, dass ich – egal vor welcher betriebswirtschaftlichen Herausforderung ich auch stehe – zuerst die Ausgangslage (IST) analysieren und darauf basierend einen SOLL-Zustand definieren muss. Meist entspricht der IST- nicht dem SOLL-Zustand. Die dadurch offensichtlich

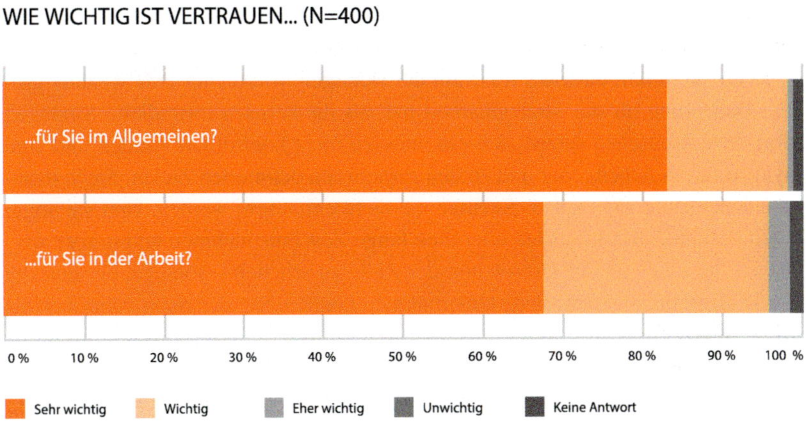

Abb. 1.1 Umfrage – Wie wichtig ist Vertrauen? (Quelle: Tammena 2015; www.iConfi.org)

gewordene Lücke (GAP) muss dann der Fokus meiner Arbeit sein. Diese sagt mir, was zu tun ist. Daraus kann ich mein Ziel formulieren. Dieser Prozess – so einfach er auch erscheinen mag – ist richtig angewandt nichts anderes als die einfachste Form einer strategischen Auseinandersetzung mit der Zukunft.

Weiter habe ich gelernt, dass sich die so festgelegten Ziele am besten über schriftlich ausformulierte Maßnahmen, quantifizierte Ressourcen (Zeit, Kosten etc.), verbindliche Zuordnungen (wer, macht was, bis wann?) und sinnvolle Kontrollen (wer, kontrolliert wann, was?) umsetzen lassen. Dies war lange Zeit mein Credo, auf Basis dessen ich die Strategiearbeit in Unternehmen als Moderator, Strategieexperte oder Coach begleitete und vorantrieb.

Mit zunehmender Anzahl der Strategieprojekte – und es waren einige, die ich in den vergangenen 20 Jahren betreuen durfte – wurde mir aber bewusst, dass etwas Entscheidendes fehlte. Die entwickelten Strategien waren gut und erfolgversprechend. Aber sie waren nutzlos, wenn die beteiligten Personen nicht motiviert dahinterstanden. Es fehlte am stärkeren Einbezug der beteiligten Menschen an diesen Prozessen! Erst die hoffnungsvoll blitzenden Augen oder das vielleicht leicht müde aber zufriedene Lächeln der Teilnehmer am Ende eines Strategieworkshops gaben mir das Gefühl, hier wirklich etwas verändern zu können. Ich bemerkte, wie wichtig es war, meinen Kunden mit ihrer Strategieentwicklung zwar auf die Sprünge zu helfen, ihnen aber gleichzeitig auch das Vertrauen zu vermitteln, dass sie ihre Herausforderungen bewältigen können. Das Team ins Boot zu holen, sie auf ein gemeinsames Ziel zu fokussieren, sie mit echten Herausforderungen dazu zu motivieren, über sich hinauszugehen – diese Dinge erschienen mir plötzlich wichtiger als eine perfekt ausformulierte Strategie.

Heute weiß ich, dass die Auswahl der richtigen Mitarbeiter eine weitaus größere Bedeutung für die Strategiearbeit hat, als die hernach formulierte Strategie. Motivierte Menschen setzen sich ein, müssen nicht kontrolliert werden und sind loyal zu ihrem Arbeitgeber und zu den gemeinsam definierten Zielen. Sie vertrauen einander und sich selbst. Solange sie nicht enttäuscht werden, sind sie sogar bereit, fehlende Markterfolge über eine lange Zeit hinzunehmen und immer wieder auf das Neue an der Umsetzung der Ziele zu arbeiten – solange, bis sich der Erfolg einstellt. Und was, liebe Unternehmer, könnten Sie sich mehr wünschen als solche Mitarbeiter!

1.2 Vertrauen in sich selbst, seine Mitarbeiter und sein Unternehmen

In Wirklichkeit haben wir Menschen gar keine andere Wahl, als zu vertrauen. Stellen Sie sich vor, Sie müssten es ernsthaft infrage stellen, ob morgens wieder die Sonne aufgeht oder Sie Ihr Bett verlassen können! Überlegen Sie einmal, welchem Stress Sie ausgesetzt wären, wenn Sie nicht davon ausgehen könnten, dass die anderen Verkehrsteilnehmer auch gesund ankommen möchten oder Ihr Ehepartner nach wie vor plant, mit Ihnen alt zu werden. Ähnlich verhält es sich im Berufsleben. Als Unternehmer müssen Sie davon ausgehen, dass sich Ihre Angestellten loyal verhalten, und als Angestellter vertrauen Sie darauf, dass Ihr Chef seine Verantwortung gegenüber dem Unternehmen und seinen Mitarbeitern wahrnimmt. Würden Sie das alles täglich infrage stellen, kämen Sie aus dem Sorgenmachen gar nicht mehr heraus!

Der Soziologe Niklas Luhmann sieht Vertrauen als einen „elementaren Tatbestand des sozialen Lebens". Natürlich hätten wir rein theoretisch die Wahl, Vertrauen zu schenken oder alles zu hinterfragen und damit alles als möglich zu betrachten. „Solch eine unvermittelte Konfrontierung mit der äußersten Komplexität der Welt hält kein Mensch aus", weiß auch Luhmann. Für Luhmann ist Vertrauen ein komplexitätsreduzierender Mechanismus, also etwas, das uns das Zusammenleben einfacher oder erst möglich macht (Luhmann 2000).

Vertrauen ermöglicht uns Menschen ein Zusammenleben in Ruhe und Sicherheit. Wir vertrauen auf die Dauerhaftigkeit der natürlichen und sozialen Ordnung (Vertrauen in die Umwelt), auf die Stabilität im Umgang miteinander (persönliches Vertrauen) und auf die zuverlässige Orientierung in den Herausforderungen des Lebens (das eigentliche Urvertrauen). Vertrauen vermag sich in einer Art Spirale selbst verstärken und damit auch ganze Gruppen (Mitarbeiter, Kunden, Gesellschaft etc.) zu mehr Offenheit, Kommunikation und Zusammenarbeit bewegen. „Wenn Sie Vertrauen geben, flutet es zurück", schreibt Reinhard K. Sprenger, der renommierte deutsche Management-Experte, der unter anderem mit seinem Buch „Vertrauen führt" einen Meilenstein in der Führungsliteratur setzte (Sprenger 2013). Nicht zuletzt deshalb hat Vertrauen Kunden, Mitarbeiter und Lieferanten zahlreicher Unternehmen immer wieder geholfen, sich über Unternehmenskrisen und persönliche Kritik hinwegzusetzen. Nur, wenn Sie als Unternehmer Vertrauen in sich selbst, Ihre Mitarbeiter und Ihr Unternehmen haben, werden Sie sich aktiv neuen Zielen zuwenden und Herausforderungen gemeinsam mit Ihrem Team meistern. Lernen Sie daher, Vertrauen in sich selbst, Ihre Mitarbeiter und Ihr Unternehmen zu haben und den Vertrauensprozess in Ihrem Unternehmen in Gang zu setzen.

Hinter vielen erfolgreichen Unternehmen steht eine Unternehmerpersönlichkeit oder ein Team, die Vertrauen in die eigenen Fähigkeiten und die ihrer Mitarbeiter haben. Und das sollten auch Sie haben! Sie haben vielleicht bereits ein Unternehmen gegründet, bewegen sich schon seit einigen Jahren erfolgreich am Markt, beschäftigen Mitarbeiter oder haben eine Idee für ein Startup? Ganz egal, in welcher dieser Situationen Sie sich auch gerade befinden, Sie haben bereits unternehmerische Fähigkeiten bewiesen, auf die Sie vertrauen sollten. Ich erlebe oft, dass Unternehmer etwas über Jahre aufgebaut haben, sie tun etwas, das sie gut können und sie behaupten sich gut gegenüber der Konkurrenz. Sie sind zwar im Großen und Ganzen zufrieden mit sich selbst, sie nehmen ihre Stärken aber nicht bewusst als solche wahr! In meiner Arbeit mit Unternehmen sehe ich zahlreiche einzigartige Produkte und herausragende Dienstleistungen, die durchaus das Potenzial haben, den langfristigen Erfolg des Unternehmens sicherzustellen, wenn gezielt und vermehrt darauf gesetzt wird. Was Unternehmer daran hindert, ist fehlendes Vertrauen in diese Stärken. Gerade in KMU fehlt es häufig an diesem Vertrauen. Das bedauere ich sehr! Darum fordere ich Sie auf: Tun Sie Gutes und reden Sie davon!

Ähnliches gilt für Ihre Mitarbeiter! Sie haben die Mitarbeiter Ihres Vertrauens, die schon seit einigen Jahren diesen Weg mit Ihnen gehen, gefunden? Daneben beschäftigen Sie auch Leute, über die Sie eigentlich wenig wissen, die Sie schwer einschätzen können? Das Vertrauen in Letztere ist womöglich nicht so groß wie in jene, mit denen Sie viel zu tun haben. Vergessen Sie dabei nicht, dass ein Team immer unterschiedliche Persönlichkeitstypen braucht, um optimal funktionieren zu können. Die australischen Forscher und Teamentwicklungsexperten Charles Margerison und Dick McCann beschäftigten sich über 25 Jahren mit der Frage, was Teams erfolgreicher macht. Ihre Untersuchungen brachten sie zu dem Ergebnis, dass ein Team dann richtig erfolgreich sein kann, wenn alle im Team notwendigen Arbeitsfunktionen (wie z. B. innovieren, promoten, organisieren etc.) abgedeckt sind und nämlich von jenen Personen, die diese Arbeitsfunktion im Sinne von Präferenzen auch gerne wahrnehmen. Gerne tun wir etwas, wenn es unserer Arbeitsweise und unserem Naturell entspricht. So arbeiten sogenannte „Kreative Innovatoren“ gerne kreativ oder extrovertiert, während „zielstrebige Organisatoren“ es verstehen, analytisch und strukturiert vorzugehen. Ein Team braucht alle diese Arbeitsfunktionen und damit auch unterschiedliche Persönlichkeiten (Tscheuschner und Wagner 2008).

Für Sie persönlich kann das bedeuten, dass Sie einem Mitarbeiter, dessen Arbeitsweise so ganz und gar nicht der Ihren entspricht, weil sie viel zu detailliert, oberflächlich oder umständlich erscheint, womöglich Ihr Vertrauen schenken sollten, da er für Ihr Unternehmen eine wichtige Funktion übernehmen kann. Häufig sind es die Querdenker, die Weiterentwicklungen in Unternehmen anregen! Je mehr Heterogenität Sie im Unternehmen zulassen, desto mehr Potenziale stehen Ihnen zur Verfügung. So sollte weniger die Persönlichkeit oder die Arbeitsweise Ihrer Mitarbeiter das Kriterium dafür sein, ob sie ihnen vertrauen oder nicht, sondern die Frage, ob sie die gemeinsam gesteckten Ziele erreichen.

Der erfolgreiche und renommierte Buchautor und Experte für Unternehmensführung, Jim Collins, erläutert in seinem Weltbestseller „Good to Great“ die Bedeutung eines guten Teams: „Haben Sie die richtigen Leute im Boot, müssen Sie sich keine Gedanken darüber machen, wie Sie diese motivieren könnten. Die richtigen Leute sind selbst-motiviert. (…) Und haben Sie die falschen Leute im Boot, dann ist das ihr primäres Problem“[1] (Collins 2001). Wobei Motivation als intrinsischer Anreiz (z. B. durch interessante Geschäftsfelder oder direkte Kundenverantwortung) zu verstehen ist und nicht jene Motivation meint, die durch eine Bonuszahlung bei Erreichen eines vereinbarten Ziels oder Abschlusses entsteht. Hier klafft eine große Lücke in weiten Teilen der Finanzbranche, in der eine Bonuskultur gepflegt wird, die meiner Meinung nach der „Dressur von Hunden“ gleichkommt und nichts mit wirklicher Motivation zu tun hat. Intrinsische Motivation kann entstehen, wenn Sie Ihren Mitarbeitern Frei- und Gestaltungsräume lassen. Vertrauen Sie darauf, dass auch Ihre Mitarbeiter den Anspruch haben, gute Ergebnisse zu liefern.

Haben Sie das Vertrauen in Ihre Unternehmerqualitäten und die Fähigkeiten Ihres Teams wiedergewonnen oder sich erneut darauf besonnen, sollten Sie in einem letzten Schritt auch auf Ihre Produkte und Dienstleistungen und das Potenzial

[1] „*(…) if you have the right people on your bus, you don't need to worry about motivating them. The right people are self-motivated: Nothing beats being part of a team that is expected to produce great results. And third, if you have the wrong people on the bus, nothing else matters.*“.

Ihres Unternehmens am Markt vertrauen. Eine Unternehmensstrategie kann Ihnen dabei helfen. Eine Unternehmensstrategie kann sicherstellen, dass es sich dabei um kein blindes Vertrauen handelt. Eine Unternehmensstrategie kann Sie vom passiven, durch externe Faktoren gelenkten Unternehmer zum aktiven, selbstbestimmten Marktteilnehmer machen. Voraussetzung dafür ist die bewusste Auseinandersetzung mit Ihren Produkten und Dienstleistungen, zukünftigen Absatzmöglichkeiten und dem Verhalten Ihrer Kunden und Konkurrenten. Eine Unternehmensstrategie minimiert die blinden Flecken auf Ihrem Blick in die Zukunft und hilft Ihnen, Vertrauen in Ihr Unternehmen und Ihr Handeln zu fassen.

1.3 Warum und wie Sie das Vertrauen Ihrer Kunden gewinnen können

Letzten Endes ist es das Ziel jedes Unternehmers, das Vertrauen seiner Kunden zu gewinnen. Haben Sie das geschafft, setzt sich ein positiver Prozess in Gang: Ihre Kunden werden Ihre Produkte und Dienstleistungen erwerben, positiv darüber berichten und zu Ihrem wichtigsten Werbeträger werden. Das Unternehmen floriert, Ihre Mitarbeiter haben Vertrauen in das Potenzial Ihres Unternehmens und sehen Ihr Unternehmen als sicheren Arbeitgeber. Und nicht zuletzt sind es Ihre Lieferanten oder Kooperationspartner, für die Sie irgendwann nicht mehr nur ein Abnehmer ihrer Produkte oder ein Partner in einem Projekt sind, sondern für die Sie sich zum strategisch wichtigen Partner entwickeln. Ein Umstand, der gerade im KMU-Bereich erfolgsentscheidend sein kann.

Viele von Ihnen haben sich das Vertrauen Ihrer Kunden durch jahrelanges, konsequent professionelles Arbeiten bereits aufgebaut. In diesem Fall gratuliere ich Ihnen! Und Sie werden mir zustimmen, wenn ich behaupte, dass diese harte Arbeit kein Produkt des Glücks oder Zufalls war. Das Vertrauen Ihrer Kunden können Sie sich durch drei wesentliche Faktoren verdienen: Integrität, Charakter und Kompetenz (Covey 2009).

Integrität

Ein guter Ruf ist für KMU unbezahlbar! Während große Unternehmen Millionen für teure Imagewerbungen in die Hand nehmen, lebt der gute Ruf von vielen KMU von der Mund-zu-Mund-Werbung. Ihren guten Ruf wahren Sie sich durch professionelles Arbeiten und ihr stimmiges Auftreten. Entwickeln Sie Komponenten für elektronisch betriebene Fahrzeuge und heften Sie sich Nachhaltigkeit auf die Fahnen, aber Ihre Unternehmensleitung fährt SUVs? Sind Sie ein traditioneller Schreinerei-Betrieb, der auf jahrzehntelange Tradition baut, aber Sie verarbeiten neben den heimischen Hölzern auch Meranti, ein tropisches Laubholz? Es steht Ihnen natürlich frei, diese Dinge zu tun, aber Sie sollten sich über die Außenwirkung bewusst sein. Sind Sie mit Ihren Prinzipien und Ihrem Verhalten kongruent, wirken Sie authentisch und erzeugen Glaubwürdigkeit und Vertrauen.

Charakter

Wie beim Thema Integrität geht es auch beim Charakter um Glaubwürdigkeit und Außenwirkung. Durch Ihre Produkte, Ihre Arbeitsweise, Ihr Preisniveau, Ihre Zuverlässigkeit, Ihr Innovationspotenzial und Ihre Referenzen erhalten Sie in der Wahrnehmung Ihrer Kunden einen speziellen Charakter. Auf diese Wahrnehmung können Sie natürlich Einfluss nehmen! Eine Unternehmensstrategie hilft Ihnen dabei! Sie werden im Zuge der Erarbeitung Ihrer Strategie ein geschärftes Bewusstsein für die Stärken und Schwächen Ihres Unternehmens bekommen. Mit diesem Bewusstsein und der Kenntnis über die Situation des Marktes und die Ihrer Kunden, können Sie aktiv und überlegt festlegen, in welche Richtung Sie Ihre Unternehmensaktivitäten ausrichten wollen. Damit vermitteln Sie Ihren Kunden nicht nur unternehmerische Kompetenz, sondern erhalten auch ein einzigartiges Profil. Einzigartigkeit ist gerade für KMU ein entscheidender Wettbewerbsvorteil. KMU bearbeiten besonders häufig einen Nischenmarkt oder differenzieren sich vom Mitbewerber durch ihre Spezialisierung. Preisführerschaft hingegen ist in KMU ein eher selten angestrebtes strategisches Ziel. Je klarer Sie also in Ihrem Handeln sind, desto vertrauensvoller werden Sie auf Ihre Kunden wirken. Darüber hinaus wird eine schriftlich ausformulierte, einfache Unternehmensstrategie dazu beitragen, dass Sie Ihre Ressourcen auch wirklich dort einsetzen, wo es sinnvoll ist. Denn kein Unternehmen kann es sich leisten, sich zu verzetteln. Es allen recht machen zu wollen, bedeutet längerfristig einen suboptimalen Einsatz Ihrer knappen Ressourcen. Dies ist eine oft anzutreffende Schwäche in vielen KMU, da quasi jeder Kunde und damit jedes Projekt als potenzieller Auftrag gesehen wird. Strategiekonformität wird hier allzu oft außen vor gelassen. Passt dieser Kunde zu meinem Charakter? Kann ich dem Kundenwunsch mit meinen Fähigkeiten nachkommen? Oder ist es wirtschaftlich sinnvoller, mir Hilfe von Dritten, möglichen Kooperationspartnern zu holen? Oder ziehe ich aus der Anfrage für mein Unternehmen eigentlich wenig Nutzen? Trauen Sie sich, auch Nein zu sagen! Je besser Sie sich selbst und Ihr Unternehmen einschätzen können, desto effizienter werden Sie arbeiten und desto authentischer wirken Sie auf Ihre Kunden.

Kompetenz

Selbstverständlich sind es letztendlich die Ergebnisse, die Kundenvertrauen aufbauen oder auch nicht. Es nützt Ihnen natürlich wenig, wenn Sie Ihr Unternehmen zwar intelligent positioniert haben, die Qualität Ihrer Ergebnisse aber nicht stimmt. Kompetenz vermitteln Sie letzten Endes über Ihre Produkte und Dienstleistungen. Umso wichtiger ist es, dass Sie sich darauf konzentrieren, was Sie wirklich gut können und gerüstet sind für mögliche Änderungen am Markt (z. B. erhöhte Rohstoffpreise), Ausfälle von Lieferanten oder technische Innovationen, die Sie nicht versäumen sollten. Demnach ist auch hier aktives Unternehmertum gefragt. Es ist wichtig, sich seiner Stärken und Schwächen bewusst zu sein, um entsprechend danach handeln zu können, und nicht primär so zu wirtschaften, wie Sie es seit Jahren getan haben. Genauso wichtig ist es, sein Umfeld (Markt, Kunden, Lieferanten) zu kennen und zu beobachten, um nicht zum Spielball dieser Faktoren zu werden. Auch hier kann Ihnen eine Unternehmensstrategie helfen, Ihre Unternehmensplanung nicht einem Blindflug gleich zu machen, dessen erfolgreiche Landung reine Glückssache ist. Kompetenz vermitteln Sie durch gute Ergebnisse und mit dem Gefühl, genau zu wissen, was zu tun ist. Sie werden sehen, dann ist Kundenvertrauen nur eine Frage der Zeit.

1.4 Vertrauen durch Strategie

Vertrauen ist also wichtig. „Die Kraft, die alles verändert" schreibt Stephen Covey (Covey 2009). „Die Strategie der größten Reichweite", so Niklas Luhmann (Luhmann 2000). Für mich persönlich ist Vertrauen neben Kommunikation die Basis, die gemeinsames Leben und Tun erst möglich macht – im privaten wie im unternehmerischen Bereich. Jim Burke, ehemaliger *Chief Executive Officer* (CEO) bei Johnson & Johnson treibt es noch ein wenig weiter, demnach sei „Erfolg (...) ohne Vertrauen nicht möglich". Wie auch immer Sie es begründen wollen, Vertrauen ist es auf alle Fälle wert, sich darüber Gedanken zu machen.

Vertrauen ermöglichen Sie, wenn Sie sich mit der Strategie Ihres Unternehmens auseinandersetzen. Eine Strategie wird:

- Ihre Stärken transparent machen und Ihnen das Vertrauen geben, genau hier noch mehr Energie zu investieren.
- Ihnen Ihre Schwächen vor Augen halten und Sie mit dem guten Gefühl zurücklassen, dass Sie darum wissen und Ihre Konkurrenz diese nicht ausnutzen kann.

- Ihnen aufzeigen, was wirklich wichtig ist und Ihnen Orientierung geben, das Wichtige vom Dringlichen zu unterscheiden.
- Ihre blinden Flecken auf dem Blick in die Zukunft minimieren und Ihnen Vertrauen schenken, auch in Zukunft noch erfolgreich am Markt tätig sein zu können.

Strategie wird Ihnen als Unternehmer, Ihren Mitarbeitern und Ihren Kunden demnach viel Vertrauen schenken. Denn wie auch Luhmann erläutert, fällt es uns Menschen leichter, etwas Vertrautem als etwas Unbekanntem zu vertrauen: „Dem Vertrauten traut man mehr als dem Fremden." (Luhmann 2000). Beschäftigen Sie sich mit der Strategie Ihres Unternehmens, machen Sie sich mit Ihrem Unternehmen aufs Neue vertraut. Als Unternehmer werden Sie selbstbewusster und selbstbestimmter, da Sie Ihre Geschäfte bewusster und aktiver lenken können. Sie kennen Ihre Positionierung und sind gerüstet für die Herausforderungen der Zukunft. Ihre Mitarbeiter werden sich für Ihre unternehmerische Professionalität mit Loyalität und Engagement bedanken. Binden Sie Ihre Mitarbeiter (auf alle Fälle einen Teil davon) in Ihren Strategieprozess ein, werden Sie über die Motivation und die Leistungsbereitschaft dieser staunen. Denn „nichts ist motivierender, als Teil eines Teams zu sein, von dem erwartet wird, gute Ergebnisse zu erzielen", weiß auch Jim Collins, der große Vordenker im Bereich Unternehmensführung (Collins 2001). Und Ihre Kunden werden Ihre bewusste Auseinandersetzung mit Strategie in Form Ihres stimmigen Auftretens, Ihres einzigartigen Profils und Ihrer außerordentlichen Ergebnisse wahrnehmen.

Strategie schenkt Ihnen Vertrauen – auf allen Ebenen. Vorerst aber liegt es an Ihnen, Vertrauen in Strategieentwicklung zu haben. Vielleicht hilft es Ihnen, wenn ich Ihnen versichere, dass Sie dafür keine Ordner zu füllen haben. Oder wenn ich Ihnen sage, dass Sie es nicht allein machen müssen, noch Ihre ganze Belegschaft dafür benötigen. Genauso wenig müssen Sie dafür Ihr Tagesgeschäft einige Wochen lang brachliegen lassen. Im Gegenteil: Mit den im Anschluss vorgestellten Schritten zur Strategieentwicklung versichere ich Ihnen, dass Sie innerhalb eines Tages eine einfache Strategie für Ihr Unternehmen erarbeiten können. Es besteht auch absolut keine Notwendigkeit, vorher ein Studium in Betriebswirtschaftslehre oder zumindest einen Kurs in Strategieentwicklung zu absolvieren. Sie leben Strategie ohnehin tagtäglich, indem Sie regelmäßig Entscheidungen mit strategischem Charakter treffen. Entscheiden Sie sich dafür, Ihre Unternehmensstrategie schriftlich festzuhalten, machen Sie sich diese Entscheidungen bewusst.

Verfallen Sie aber bitte nicht dem Irrglauben, das Ergebnis Ihres Strategieprozesses wäre eine Strategie, die bahnbrechende Neuigkeiten für Sie bereithalte. Genauso wenig wird Ihnen die Strategie nahelegen, alles anders und neu zu machen. Eine Strategie ist keine Wunschliste, sondern primär eine Bestandsaufnahme dessen, was Sie irgendwie ohnehin schon immer gewusst haben. Dafür wird Ihre Strategie Sie bestärken, motivieren und Ihnen definitiv sehr viel Vertrauen schenken.

Literatur

Collins, J. (2001). Good to Great. http://www.jimcollins.com/article_topics/articles/good-to-great.html. Zugegriffen: 1. Juli 2015

Covey, S. (2009). *Schnelligkeit durch Vertrauen. Die unterschätzte ökonomische Macht*. Offenbach: Gabal.

Luhmann, N. (2000). *Vertrauen. Ein Mechanismus der Reduktion sozialer Komplexität*. Stuttgart: Enke.

Sprenger, R. K. (2013). *An der Freiheit des anderen kommt keiner vorbei*. Frankfurt: Campus.

Tammena, E. (2015). iConfi: Digitales Vertrauen und Teamwork in Organisationen. http://iconfi.org/wp-content/uploads/2015/07/Executive-Summary-2015-iConFi-Management-Studie.pdf. Zugegriffen: 28. Jan. 2016

Tscheuschner, M., & Wagner, H. (2008). *TMS. Der Weg zum Hochleistungsteam. Praxisleitfaden zum Team Management System nach Charles Margerison und Dick McCann*. Offenbach: Gabal.

2 Auf dem Weg zu Ihrer Strategie

Es gäbe also jede Menge guter Gründe, eine niedergeschriebene Strategie für Ihr Unternehmen zu entwickeln. Gleichzeit fallen Ihnen bestimmt mindestens genauso viele ein, dies nicht zu tun. Sie sind sicher gut beschäftigt? Werden Sie das Gefühl nicht los, dass das doch in erster Linie etwas für „Große" sei und außerdem geht's ja irgendwie immer wieder? An diesem Punkt kann ich nur an Sie appellieren: Schenken Sie mir als Autor und Experte diesen Vertrauensvorschuss, dass ich Sie dabei unterstützen kann, einen Mehrwert für Ihr Unternehmen zu schaffen! Wagen Sie sich einfach mal in Ihre Strategieentwicklung, auch wenn Sie nicht von Beginn an alles verstehen und alle Zusammenhänge erkennen. Vertrauen Sie darauf, dass ich in meiner mittlerweile 20-jährigen Arbeit mit zahlreichen KMU vieles gesehen, erlebt und gelernt habe. Haben Sie Vertrauen in meine Expertise und gehen Sie den Weg gemeinsam mit mir!

Wir starten unsere Strategieentwicklung mit der Beantwortung jener Fragen, die mir immer wieder gestellt werden, wenn Unternehmer darüber nachdenken, sich in eine Strategieentwicklung zu wagen. Sie werden Ihnen helfen, das Thema einschätzen zu können und sie sollen es Ihnen leichter machen, mir Ihr Vertrauen zu schenken!

Sie erfahren in diesem Kapitel

- Was bei der Strategiearbeit auf Sie zukommen wird. Niemand will ins kalte Wasser springen!
- Warum Zielorientierung dabei so wichtig ist.
- Wie und wo Strategie im Unternehmen wirksam wird.
- Wie Sie Ihre Strategiearbeit am besten vorbereiten können.

U. Frey, *Vertrauen durch Strategie*, DOI 10.1007/978-3-658-12940-8_2

Erschrecken Sie nicht, wenn wir punktuell bereits tief in die Materie eintauchen. Dieses Wissen ist als „vertiefendes Wissen" gekennzeichnet und für jene Leser gedacht, die hier kein Neuland betreten, theoretische Hintergründe kennen möchten oder die der Ehrgeiz gepackt hat. Wenn es Ihnen einfach nur wichtig ist, zu wissen, was Sie tun sollen, dann lassen Sie diese Passagen aus – Sie können sie bei Interesse auch später nachlesen.

2.1 Häufige Fragen bei der Strategieentwicklung

Wahrscheinlich haben Sie sich im Zusammenhang mit der Strategieentwicklung in Ihrem Unternehmen die eine oder andere dieser Fragen schon gestellt. Ich möchte Ihnen gerne einleitend meine Antworten darauf geben.

Was ist das Ziel einer Unternehmensstrategie?
Unternehmensstrategien werden eingesetzt, um die Wahrscheinlichkeit der Zielerreichung zu erhöhen oder die Zeit zur Erreichung dieser Ziele zu verkürzen. Ziele beziehen sich entweder auf Positionen, zum Beispiel in einem lokalen Markt der führende Anbieter zu sein, oder auf Potenziale und Wachstum, zum Beispiel in drei Jahren 50 % mehr Umsatz bei älteren Kunden zu erreichen. Positionen und Potenziale sollen mit Hilfe von Strategien gesichert, entwickelt und die Abgrenzung gegenüber Konkurrenten überzeugend vermittelt werden. Die Interessen der Zielkunden stehen dabei immer im Zentrum.

Soll eine Strategie alleine erarbeitet werden oder ist es sinnvoll, weitere Personen (Mitarbeiter, Kunden, Lieferanten oder sogar Partnerunternehmen) am Prozess zu beteiligen?
Hier ist zu bedenken, dass sich Mitarbeiter, die an der Erarbeitung der künftigen Ziele beteiligt werden, spürbar stärker für die Umsetzung dieser Ziele einsetzen, da sie quasi ihre eigene Zukunft aktiv mitgestalten können. Weiter hilft es, sich mit anderen Menschen auszutauschen. Firmenexterne Personen können einen Markt, einen Konkurrenten oder Ihr Produkt teilweise differenzierter einschätzen und so wertvolle Hinweise geben oder einfach nur Ihre Einschätzung bestätigen. Vielleicht gelingt es Ihnen sogar, Kunden oder einen guten Lieferanten zum Mitmachen zu begeistern, wenn auch nur für ein paar Stunden, für einen Teil eines Workshops. Dies ist womöglich nicht sinnvoll beim erstmaligen Erarbeiten einer Strategie, kann aber durchaus zu einem späteren Zeitpunkt versucht werden, um zu neuen Erkenntnissen, vertiefenden Einblicken und vor allem zu einer anderen Sichtweise zu gelangen. Generell empfehle ich meinen Kunden, zumindest einige ausgewählte

Mitarbeiter (Schlüsselmitarbeiter) in den Strategieprozess einzubinden. Sie erhalten dadurch tendenziell ein besseres Ergebnis und leisten in puncto Akzeptanz und Umsetzung wichtige Vorarbeit. Allerdings gilt es auch, zu beachten, dass sich mit jeder zusätzlich beteiligten Person der Strategieprozess verlängert. Es geht somit wieder einmal um eine gesunde Balance. Ein Strategieteam aus drei bis fünf Personen ist meiner Erfahrung nach ein guter Richtwert für KMU.

Wie lange dauert ein Strategieprozess?

Wenn Sie die Zeit und Muße haben, können Sie sich natürlich tage- und wochenlang mit Ihrer Strategie beschäftigen. Müssen Sie aber nicht! Einen Tag müssen Sie sich aber schon Zeit dafür nehmen! Allerdings empfiehlt es sich, anstelle eines ganzen Tages vier bis fünf Workshop-Einheiten von je ca. zwei bis drei Stunden einzuplanen. In Wirklichkeit beschleunigen Sie dadurch Ihre Strategieerstellung, weil Ihre Mitarbeiter einzelne Arbeitsschritte selbständig erarbeiten können und Sie diese im Plenum nur noch diskutieren, anstelle von gemeinsam ausarbeiten müssen. Die einzelnen Workshops sollten sich über eine Zeitspanne von sechs bis acht Wochen erstrecken. So stellen Sie sicher, dass sich die Ergebnisse setzen und alle Beteiligten nochmals darüber nachdenken können, ob die richtigen Schlussfolgerungen für das Unternehmen gezogen wurden. Beachten Sie außerdem, dass eine gute Vorbereitung, eine zielführende Koordination und die bewusste Moderation (von unterschiedlichen Ansichten, Wahrnehmungen und Differenzen, die bei der Beurteilung von Produkten, Kunden, Märkten, Konkurrenten entstehen) des gesamten Prozesses und im Speziellen der Workshops einen wesentlichen Einfluss auf die Qualität und Dauer der Strategieerstellung haben. Die Qualität verbessert sich, die Dauer nimmt dafür zu.

Kann ich eine Strategieentwicklung selber leiten oder brauche ich (externe) Unterstützung?

Führungspersonen in KMU sind es gewohnt, alles selber zu erledigen. Sie können natürlich auch Ihre Strategieentwicklung selbst in die Hand nehmen – und dieses Buch kann Ihnen entscheidend dabei helfen. Allerdings bleibt auch damit Ihre Aufgabe sehr herausfordernd: Sie müssen den Prozess koordinieren und moderieren, eigene Beiträge einbringen, mit anderen Personen kritische Punkte objektiv erörtern und sich um Umsetzung und Kommunikation der Strategie kümmern. Denken Sie daher unbedingt zumindest darüber nach, ob es für die Qualität Ihrer Strategie förderlich sein könnte, externe Hilfe beizuziehen. Sie könnten damit nicht nur sicherstellen, dass Sie dafür Zeit haben, wofür Ihre Expertise und Erfahrung wirklich wichtig ist (und das ist ziemlich sicher nicht die Koordination des Prozesses), sondern auch vermeiden, dass Sie wieder nur in Ihren eigenen Gewässern schwimmen. Erfahrungsgemäß erhöht eine externe Moderation des Strategieprozesses die Qualität der Ergebnisse, da die Beteiligung Externer tendenziell die Ernsthaftigkeit des Vorhabens steigert. Dies liegt ganz bestimmt nicht an mangelnder Kompetenz Ihrerseits, allerdings vermitteln Sie ein Mehr an Ernsthaftigkeit, wenn Sie für Ihre Strategieentwicklung Geld in die Hand nehmen und sich externe Unterstützung an Bord holen. Darüber hinaus fällt es nicht firmenzugehörigen Personen häufig leichter, Konflikte zu moderieren oder gar zu lösen. Und ganz ohne Konflikt wird wohl auch Ihre Strategieentwicklung nicht über die Bühne gehen.

Dabei müssen Sie nicht ausschließlich an einen professionellen Berater denken. Eine externe Sichtweise kann selbstverständlich ein spezialisierter Berater, genauso ein guter Schulfreund oder ein hilfsbereiter Kollege aus der gemeinsamen Ausbildungszeit einbringen.

2.2 Die Strategie im Kontext der Unternehmensführung

Lenken und damit zielgerichtet gestalten lässt sich ein Unternehmen über mehrere Stellhebel. In der Betriebswirtschaftslehre taucht hier das Magische Dreieck der Unternehmensführung auf (Abb. 2.1). Gemeint sind damit die drei Gestaltungsebenen: Strategie, Struktur und Kultur. Will man ein Unternehmen zielgerichtet beeinflussen, müssen diese drei Ebenen gemeinsam betrachtet und mittels koordinierten Maßnahmen beeinflusst werden. Was hier etwas theoretisch klingt, kennen Sie sicher aus der Praxis!

Gestaltungsebene 1: Strategie

Mit Hilfe Ihrer Strategie geben Sie Ihrem Unternehmen eine Richtung vor. Dabei sind unterschiedliche Faktoren zu berücksichtigen:

- Wofür steht das Unternehmen (Werte, Traditionen)?
- Was sind die Stärken und Schwächen Ihres Unternehmens?
- Über welche Ressourcen verfügen Sie?
- Welche Veränderungen oder Trends sind in der Unternehmensumwelt (Markt, Branche, Konkurrenz, Gesetzgebung etc.) zu erwarten?
- Wo vermuten Sie Wachstumspotenziale?

Aus all diesen Fragestellungen kann die Unternehmensstrategie erarbeitet werden. Damit legen Sie für Ihr Unternehmen fest, wohin die Reise in den nächsten drei bis fünf Jahren gehen soll. Das tun Sie, indem Sie Ihre Ziele entsprechend priorisieren. Für die Umsetzung dieser Ziele sind Maßnahmen zu formulieren: Was

Abb. 2.1 Das Magische Dreieck der Unternehmensführung. (Eigene Darstellung)

muss konkret getan werden, damit diese Ziele erreicht werden können? In manchen Fällen ist ein Bündel von Maßnahmen notwendig. Dann werden strategische Ziele in Form von Projekten umgesetzt (siehe Abschn. 6.4).

Wie auch immer die Umsetzung Ihrer Strategie aussehen wird, ist es wichtig, zu verstehen, dass Strategie Gestaltung und damit häufig auch Veränderung bedeutet. Ihre Strategie bleibt wertlos, wenn Sie auf Ihrer Ablage verschwindet. Strategie gewinnt erst an Bedeutung, wenn sie umgesetzt wird.

Gestaltungsebene 2: Struktur eines Unternehmens

Mit der Struktur Ihres Unternehmens beeinflussen Sie ganz wesentlich das Wesen Ihres Unternehmens und damit auch Ihre Außenwirkung, Ihre Fähigkeit, auf den Markt zu reagieren, Ihr Innovationspotenzial und Ihre Effizienz. Arbeiten Sie sehr stark ablauf- also prozessorientiert, sind Sie wahrscheinlich in der Lage, sehr kostengünstig anzubieten und entsprechende Stückzahlen zu produzieren. Gleichzeitig fällt es Ihnen womöglich schwer, sehr innovativ zu sein und kurzfristig auf die Bedürfnisse des Marktes reagieren zu können. Dafür ist Ihre Struktur nicht optimal. Unternehmen, die verstärkt projektorientiert arbeiten, sind tendenziell flexibler und innovativer, können in der Regel jedoch nicht so kostenoptimiert arbeiten wie prozessorientierte Unternehmen.

Sie merken also, durch die Struktur Ihres Unternehmens können Sie ganz wesentlich Einfluss auf Ihre Positionierung und Ihre Wettbewerbsstrategie nehmen. Zudem hat sich die Struktur eines Unternehmens der Strategie beziehungsweise den strategischen Zielen anzupassen. Dies erfolgt über die (Prozess-)Abläufe, welche erfasst und gegebenenfalls verändert werden müssen. Gerade hier braucht es wiederum viel Vertrauen in die zu gestaltende Zukunft. Mitarbeiter müssen unter Umständen bestehende Arbeitsroutinen aufgeben, um Neues zu lernen. Hier brauchen Ihre Mitarbeiter die notwendige Unterstützung und die Zuversicht, dass sie dies bewältigen können, und das Vertrauen in das Unternehmen, dass es diesen Wandel mit den bestehenden Mitarbeitenden vollziehen will.

Gestaltungsebene 3: Unternehmenskultur

Wo auch immer Sie ansetzen, um Ihr Unternehmen zu gestalten und zu lenken, im Endeffekt geht es darum, Kunden zu halten oder zu gewinnen, Umsatz und Gewinn zu generieren und eine gewisse Marktposition einzunehmen. Ein Schlüssel dafür ist es, das Vertrauen der Kunden zu gewinnen. Ihre Unternehmenskultur kann dies wesentlich beeinflussen. Für welche Werte steht Ihr Unternehmen? Vertreten Sie diese Werte durchgängig nach außen? Oder stehen Sie für Bio und Regionalität und auf Ihrer Speisekarte findet sich Gänseleber und der Lachs aus Alaska?

Ein weiterer, sehr wichtiger Schlüssel zum Erfolg sind Ihre Mitarbeiter. Ob Sie deren Vertrauen gewinnen und halten können, darauf hat Ihre Unternehmenskultur ganz wesentlichen Einfluss. Wie vertrauenswürdig und attraktiv Sie als Arbeitgeber sind, wird darüber entscheiden, wie hoch Ihre Fluktuation ist und vor allem, ob Sie die guten Arbeitnehmer bekommen werden. In Zeiten des Frachtkräftemangels und der zunehmenden Öffnung der Märkte werden sich Mitarbeiter immer mehr zum Wettbewerbsvorteil entwickeln. Unterschätzen Sie daher nicht das Potenzial Ihrer Unternehmenskultur!

Zutrauen und Selbstvertrauen sind hier zwei Worte, die stellvertretend für einen wichtigen Teil einer gelebten Unternehmenskultur, die die Wandlungsfähigkeit eines Unternehmens treffend beschreiben können, stehen. Was traut das Unternehmen mir zu (Zutrauen) und was traue ich mir als Mensch und was trauen sich meine Mitarbeiter zu (Selbstvertrauen). Diese zwei Konstrukte können – sofern vorhanden und durch die Führung adressiert – viel zum Erfolg einer Strategieumsetzung beitragen.

Vertiefendes Wissen: Das unternehmerische Wirkungssetting nach Fueglistaller, Halter und Fust (Fueglistaller et al. 2013)

Ob und wie eine Strategie umgesetzt wird, hängt zu einem großen Teil von der Überzeugung der handelnden Personen ab, die sinnvoll und nutzenstiftend agieren möchten. Fueglistaller, Halter und Fust sprechen in diesem Zusammenhand von einem unternehmerischen Wirkungssetting, welches aus den drei Elementen: „Haltung – Bereitschaft – Handlung" besteht. Dieses Wirkungssetting bezieht sich gemäß den Autoren „... auf eine primär individuumszentrierte Perspektive – vorliegend liegt der Fokus auf dem Unternehmer, gilt aber auch für Kunden und Mitarbeitende." Ich will Ihnen diese drei Aspekte in den Worten der drei Autoren gerne erläutern.

„Die Haltung hat ihren Ursprung in der eigenen Identität: Wer bin ich (eigentlich und in meinem sozialen Kontext)? Darauf aufbauend ergeben sich Werte und ein Glaubenssystem." Erst aus der Haltung ergibt sich eine überzeugte Bereitschaft. Wenn diese „... aufgrund des eigenen Wertesystems vorhanden ist, kann man wahrhaft handeln respektive seine Fähigkeiten einbringen. Die Bereitschaft drückt weiter den Umgang mit Wagnis und Risiko aus. Oft sieht man die Notwendigkeit zu handeln; den entscheidenden Schritt traut man sich nicht zu tätigen (Bereitschaft nicht vorhanden)." „... Handlung soll hier verstanden sein als Manifestation der inneren Überzeugung des Könnens, Wollens und Dürfens."

Die Autoren erläutern das Zusammenspiel und die Abhängigkeit der drei Elemente an einem Beispiel, welches gut nachvollziehbar erklärt, was damit gemeint ist. Aus zahlreichen Sportbeispielen und Interviews mit Spitzensportlern weiß man, dass die körperliche Fitness (quasi die Handlungsfähigkeit) unabdingbar ist, wenn man in einem Spitzenverband in der obersten Liga mitspielen will. Genauso von Bedeutung sind aber auch die mentale Einstellung, das Timing und die Erholung nach oder vor dem Wettkampf, wenn man gewinnen will (quasi Haltung und Bereitschaft).

Übersetzt auf Ihre Strategiearbeit bedeutet dies, dass es entscheidend ist, die richtigen Leute in Ihren Strategieprozess einzubinden und dann aber Vertrauen in deren Bereitschaft und Handlungen zu haben.

Ein sehr wichtiger Aspekt der Unternehmenskultur ist die Frage, ob und wie kommuniziert wird. Herrscht eine offene Kommunikationspolitik? Werden wichtige Entscheidungen und Veränderungen kommuniziert oder werden die Mitarbeiter vor vollendete Tatsachen gestellt? Inwieweit werden die Anliegen der Mitarbeiter gehört, ihre Meinung ernst genommen? Es ist einfach nachzuvollziehen, dass Kommunikation wesentlichen Einfluss auf das Vertrauen im Unternehmen hat!

Der Kommunikation sollten Sie auch im Strategieprozess Ihre Aufmerksamkeit widmen! Strategieentwicklung braucht keine Heimlichtuerei. Im Gegenteil, wenn Sie von Ihren Mitarbeitern Commitment erwarten, sollten Sie sie auch informieren, was auf sie zukommen wird und im besten Fall – dort wo es Sinn macht – einbinden. Mehr zum Thema Kommunikation finden Sie auch im Abschn. 6.2.

Vertiefendes Wissen: Das Kernmodell der KMU-Führungskompetenz (Fueglistaller et al. 2013)
Durch das erwähnte Zusammenspiel von Strategie, Struktur und Kultur können sich Differenzierungspotenziale gegenüber anderen Unternehmen ergeben (sogenannte strategische Erfolgspotenziale, vgl. dazu Abschn. 3.6). Verknüpft man nun das unternehmerische Wirkungssetting, Haltung – Bereitschaft – Handlung, mit dem magischen Dreieck der Unternehmensführung, Strategie – Struktur – Kultur, dann ergibt sich die in Abb. 2.2 modellartig einander gegenübergestellte Darstellung der drei Pyramiden. Die Wechselwirkung und der Dialog dazwischen verbinden die beiden Pyramiden.

Nehmen wir die Haltung des Unternehmers eines kleinen Industriebetriebs, der den Betrieb schon längere Zeit führt und erfolgreich weiterentwickelt hat. Seine Haltung oder Bereitschaft manifestieren sich in verschiedenen Handlungen, welche die Kultur, Strategie wie auch die Struktur seines Unternehmens aktiv beeinflussen. Indem er die Mitarbeiter einstellt, die geeignet für die Stellen, die er schafft, zu sein scheinen und die Werte des Unternehmens mittragen, beeinflusst er direkt die Kultur des Unternehmens. Auch durch seine Haltung gegenüber Verhaltensweisen der Mitarbeitenden wird die Kultur des Un-

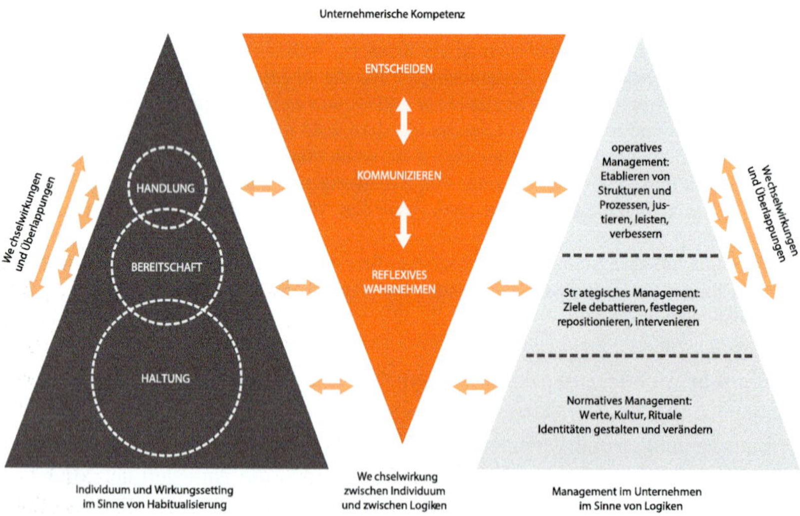

Abb. 2.2 Das Kernmodell der KMU-Führungskompetenz. (Quelle: Fueglistaller et al. 2013)

ternehmens beeinflusst. Dabei wird auch schnell klar, dass das Wirkungssetting mit den unternehmerischen Differenzierungs- und Erfolgspotenzialen in Beziehung steht und auf die organisationalen Ebenen wirkt. Durch die Kommunikation der eigenen Haltung gegenüber spezifischen Verhaltensweisen (z. B. tolerieren oder zurechtweisen) wird die Unternehmenskultur gestaltet, indem die Normen implizit und teilweise sogar explizit festgelegt werden.

Wie Struktur und Handlung/Kultur zusammenhängen und wie eine Strategie alles durcheinanderbringen kann.
Struktur und Handlung (in ihrer Summe prägen sie die Unternehmenskultur) bedingen sich gegenseitig. Die Prozessabläufe, die Hierarchien, ja sogar die räumlichen Gegebenheiten bestimmen Ihr Handeln tagtäglich (siehe Abb. 2.3). Wenn beispielsweise jegliche Post Ihres Unternehmens beim Empfang gesammelt und von dort verteilt wird, dann handelt der Mann am Empfang entsprechend, weil der Prozess so aufgestellt, kein digitales Erfassungssystem etabliert und er derjenige ist, der räumlich als Erster auf den Postmann trifft. Ist dieser Prozess eingespielt, entsteht Routine. Jeder kennt seine Aufgaben in diesem Prozess, er vermittelt Sicherheit. Wird nun vonseiten der Geschäftsführung beschlossen, ein digitales Posterfassungssystem einzuführen, entsteht Unruhe. Die Struktur (die Prozesse, die Infrastruktur) muss geändert werden. Entsprechend ändern sich natürlich die Handlungen der betroffenen Personen. Anstatt die Empfänger persönlich aufzusuchen, um die Post zuzustellen, müssen die Briefe nun eingescannt werden. Die

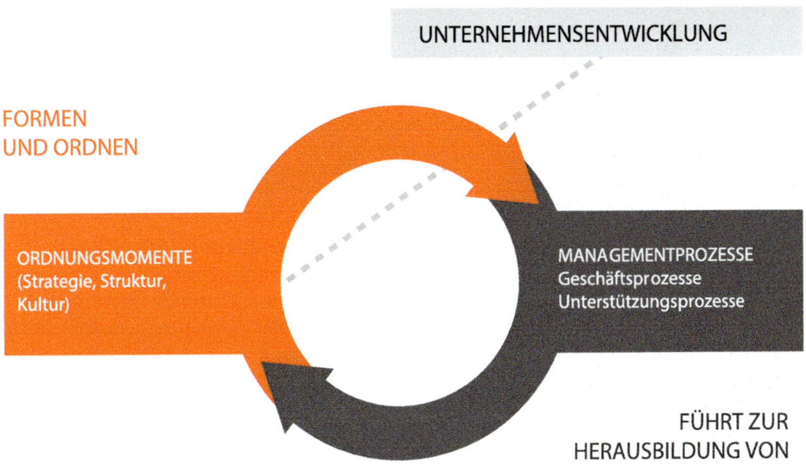

Abb. 2.3 Dualität von Handlung und Struktur im Unternehmensalltag. (Eigene Darstellung)

geänderte Struktur bedingt eine Anpassung der Handlungen (oder Unterstützungsprozesse wie in Abb. 2.3 dargestellt). Für die Zeit des Umbruches entsteht dadurch meist eine gewisse Unsicherheit. Die neuen Abläufe müssen zuerst erprobt und geübt werden. Mitarbeiter müssen sich an die neue Infrastruktur gewöhnen. Dies braucht Zeit, Verständnis und Unterstützung, damit in absehbarer Zeit wieder Routine und letztlich wieder Sicherheit entstehen können.

Strategische Entscheidungen können ein Ungleichgewicht in diese Dualität von Struktur und Handlung bringen. Die Wiederherstellung der Balance muss ebenso Ziel sein wie das Umsetzen der strategischen Maßnahme. Dieses Bewusstsein in den Köpfen der Verantwortlichen ist kritisch für den Erfolg einer Strategie. Nachfolgende Dinge sollten Sie deshalb beachten:

Tipps

- Geben Sie Ihrem Unternehmen Zeit, sich an neue Gegebenheiten (geänderte Ziele, Prozessabläufe und Strukturen) anzupassen.
- Gehen Sie professionell und behutsam mit Veränderungen um. Das bedeutet, insbesondere den Sorgen und Ängsten Ihrer Mitarbeiter Gehör zu schenken, sie ernst zu nehmen und sie rechtzeitig und umfassend zu informieren (vgl. dazu auch Kap. 6).
- Begeben Sie sich auf die Augenhöhe der betroffenen Mitarbeiter. Erklären Sie Ihnen, warum die geplante Veränderung einen Mehrwert schaffen kann und lassen Sie sie wissen, was auf sie zukommen wird.
- Entwickeln Sie konkrete Maßnahmen (inklusive Verantwortlichkeiten!), die sich mit dem Thema „Veränderung" beschäftigen. Was konkret kann getan werden, um die Balance zwischen Struktur und Handlung wiederherzustellen?

Vertiefendes Wissen: die Strukturationstheorie nach Giddens (Giddens 1984)
Das Zusammenspiel der Gestaltungsebene 2, Struktur eines Unternehmens, und der Gestaltungsebene 3, Unternehmenskultur, lässt sich unter anderem auch mit der Strukturationstheorie von Giddens erklären. Anthony Giddens, ein britischer Soziologe, versuchte damit das Verhältnis zwischen Handlung und Struktur zu erklären. Für Giddens besteht eine unbedingte Wechselwirkung zwischen diesen beiden Polen, die er als „Dualität der Struktur" bezeichnet.

Giddens versteht unter Struktur beziehungsweise Strukturen „Regeln und Ressourcen, die in rekursiver Weise in die Reproduktion sozialer Systeme einbezogen sind". Es gibt Regeln der Sinnkonstitution, die primär die Verständigung zwischen den Menschen steuern

(Signifikation), und Regeln der Sanktionierung, die letztlich zur Legitimation von korrektem Handeln gewisser Menschen dienen.

Die Ressourcen teilen sich nach Giddens in die allokativen und die autorativen Ressourcen der Herrschaft auf:

- *Allokative Ressourcen* bezeichnen die Möglichkeit für handelnde Menschen, Kontrolle über materielle Dinge wie Geld, Personal und Technik auszuüben.
- *Autorative Ressourcen* beziehen sich dagegen auf die Fähigkeiten und Kapazitäten, Macht über andere Menschen auszuüben.

Diese drei Dimensionen von Struktur *Signifikation, Herrschaft und Legitimation*, sind durch Festlegungen (Giddens spricht von Vermittlungsmodalitäten) wie Normen, interpretative Schemata und autorative sowie allokative Machtmittel mit den Dimensionen der Handlung (Kommunikation, Macht und Sanktion) verbunden.

Strukturen begrenzen Handeln nicht nur, durch ihre Existenz ermöglichen sie vielmehr Handlungen erst. Umgekehrt werden Strukturen durch menschliches Handeln erst so richtig erzeugt, bestimmen aber gleichzeitig auch das Handeln der einzelnen Akteure. Es handelt sich hier also um ein rekursives Konstitutionsverhältnis von Handlung und Struktur. Rekursivität und Zirkularität von Handlung und Struktur sind zentrale Punkte in Giddens' Strukturationstheorie. Genauso bedeutend ist, dass es sich bei den beiden Aspekten nicht um einen Dualismus (gegensätzliche Grundprinzipien) handelt, sondern im Gegenteil um eine Dualität (eine Zweiheit mit wechselseitiger Zuordnung). Handlung und Struktur werden von Giddens als zwei Momente desselben Geschehens bezeichnet.

Ich weiß, dass dieses vertiefende Wissen für Sie unter Umständen nicht einfach zu verstehen ist, aber in etwa so läuft die Entwicklung in Ihrem Unternehmen ab, weshalb es mir ein Anliegen ist, Ihnen diese Aspekte hier vertiefend zu erläutern.

2.3 Die Strategie als Instrument zur Zielorientierung

Strategieentwicklung in Unternehmen erfordert eine bewusste Auseinandersetzung mit den Zielen. Es geht im Wesentlichen darum, Ihre Ist-Situation zu analysieren, Veränderungen oder Entwicklungen in Ihrem Umfeld zu erkennen, sich Ihren Potenzialen bewusst zu werden und daraus Ziele für Ihr Unternehmen abzuleiten. Diese Ziele mit den zur Zielerreichung notwendigen Maßnahmen zur Umsetzung sind zusammengefasst Ihre Unternehmensstrategie.

Eine Strategie gibt Ihrem Unternehmen somit das nötige Maß an Zielorientierung, das es für ein langfristiges, erfolgreiches Bestehen am Markt benötigt. Zielorientierung ist für Unternehmen in gleichem Maße wichtig wie für die darin handelnden Einzelpersonen. Studien belegen immer wieder, dass Menschen, die sich Ziele setzen, einfach erfolgreicher, glücklicher und gesünder leben. Wie kommt das? Menschen, die sich Ziele setzen und diese vor Augen haben, sind aktiv und handeln gezielt. Sie tun etwas dafür und überlassen es nicht dem Zufall. Doch nur, wer sich seine Ziele aufschreibt, wird diese auch ständig vor Augen haben.

Durch Zielorientierung fokussieren wir unser Handeln und arbeiten effektiver. Aktives und gezieltes Handeln ist also entscheidend. Ein weiterer Punkt ist die nötige Ausdauer, die man dabei entwickelt. Selbst gesteckte Ziele, deren Erreichen intrinsisch motiviert ist, erzeugen Durchhaltevermögen und Resilienz. Zwei essenziell wichtige Fähigkeiten, wenn es darum geht, auf einem dynamischen, herausfordernden Markt zu bestehen:

- Durchhaltevermögen veranlasst uns, unser Ziel nicht aus den Augen zu verlieren, auch wenn sich der Weg zur Zielerreichung zum Teil schwierig gestaltet.
- Resilienz beschreibt die Fähigkeit, mit Rückschlägen fertig zu werden und wieder in die Spur „hineinzuspringen" (resiliare lat. = „wieder hineinspringen").

Beides erzeugt Selbstvertrauen. Selbstvertrauen entsteht aus der Erfahrung, sich selbst aus schwierigen Situationen befreit zu haben.

Ganz zu Beginn sollten Sie sich aber einmal Zeit nehmen, um sich klar zu werden, wohin Sie eigentlich wollen. Nachfolgende Fragen können Ihnen dabei helfen.

- Was will ich mit meinem Unternehmen erreichen?
- Was will ich selber wirklich machen?
- Was ist mir eigentlich wichtig bei der Arbeit und auch überhaupt?
- Wie kann ich ein aktuelles Problem aus meinem Unternehmensumfeld lösen?

Doch leider lassen sich gerade in KMU typische Muster erkennen, die auf eine mangelnde Zielorientierung schließen lassen. Zwar besitzen die meisten KMU eine gut strukturierte operative Planung und Budgetierung, doch es fehlt häufig an einem gemeinsamen Verständnis der zukünftigen Entwicklungen.

Wird vonseiten der Geschäftsführung die Notwendigkeit eines gemeinsamen Kurses zwar prinzipiell erkannt, gibt es meist jede Menge Gründe, Strategiearbeit auf die lange Bank zu schieben. Neben chronischem Zeitmangel fehlt häufig ein systematisches Vorgehen in die Strategieentwicklung. Als Konsequenz findet Strategiearbeit deshalb meist entweder gar nicht oder ad hoc und damit mit mäßigem Erfolg statt.

Die Verantwortung, Ihrem Unternehmen diese Orientierung zu geben, liegt ganz klar bei der Unternehmensführung. Wie können Sie von Ihren Mitarbeitern verlangen, einen Weg mit Ihnen zu gehen, dessen Ziel nicht einmal Sie genau kennen? Nehmen Sie Ihre Strategiearbeit deshalb in die Hand und schenken Sie Ihrer Unternehmensreise ein klares Ziel!

2.4 Der Strategieentwicklungsprozess: Ablauf und Inhalte

Unabhängig von der Größe Ihres Unternehmens und der Komplexität Ihrer Strategie sollten Sie Ihre Strategieerarbeitung immer schrittweise angehen (siehe Abb. 2.4). Dabei kann es natürlich sein, dass Sie als Kleinunternehmer für Ihre Informationsanalyse weniger Schritte benötigen als ein Mittelständler. Grundsätzlich sollten Sie sich aber daran halten, dass Sie, bevor Sie Ihre Strategie entwickeln, alle relevanten Informationen zusammentragen und sich nach der Strategieentwicklung auch gleich um deren Umsetzung und Kommunikation bemühen.

In der Praxis hat es sich bewährt, zwei Arbeitsweisen im Strategieentwicklungsprozess anzuwenden: das eigenständige, individuelle Erarbeiten von Inhalten und der Dialog im Plenum. Dafür fordere ich die Mitglieder des Strategieteams meist auf, die im Vorfeld thematisierten Analysen mit Hilfe der Arbeitsblätter eigenständig durchzuführen. Meiner Erfahrung nach bringt das eine größere Diversität von Sichtweisen und Einschätzungen, und es spart zudem Zeit. Alle Analysen mit dem kompletten Team durchzuführen, ist sehr zeitintensiv und inhaltlich nicht unbedingt wertvoller. Im Anschluss an die eigenständige Erarbeitung werden die unterschiedlichen Ausarbeitungen im Plenum diskutiert, mit dem Ziel, eine gemeinsame Sicht der Dinge zu finden.

Abb. 2.4 Der Strategieentwicklungsprozess. (Eigene Darstellung)

In der nachfolgenden Beschreibung des Prozesses wird dieses Prinzip ebenfalls angewandt.

Kick-off: Vorbereitung

Sie starten Ihren Strategieprozess mit der Analyse Ihrer bestehenden Strategie und falls Sie diese nicht niedergeschrieben haben, einfach mit Ihrer Ausgangssituation. Wie sehen die Märkte aus, in denen Sie tätig sind? Wie steht es um Ihre Positionierung? Welche Strategie verfolgt Ihr Unternehmen? Ist diese Ihren Mitarbeitern bekannt?

Ihre Mitarbeiter bringen hier wahrscheinlich unterschiedliche Erfahrungen mit. Einige von Ihnen waren bereits an Strategieprozessen beteiligt, für andere ist es völliges Neuland. Schaffen Sie im Kick-off-Workshop deshalb Gelegenheit, diese Erfahrungswerte austauschen zu können. Sie könnten diese Erfahrungen kritisch reflektieren, indem Sie versuchen, nachfolgende Fragen zu beantworten: Was haben wir gelernt? Was können wir besser machen? Was hat gefehlt? Was sollten wir vermeiden? Es kostet Ihnen ein wenig Zeit, aber es werden alle und vor allem Ihr Strategieprozess davon profitieren!

Darüber hinaus sollten Sie Ihrem Strategieteam den bevorstehenden Strategieentwicklungsprozess vorstellen. Sorgen Sie dafür, dass Ihre Mitarbeiter einschätzen können, was auf sie zukommen wird, welche Rolle sie darin einnehmen sollen und geben Sie ihnen Raum, ihre Vorschläge einzubringen (siehe Abschn. 2.5).

Der Kick-off-Workshop sollte demnach folgende Inhalte aufweisen:

- Vorstellung des Strategieprozesses (Ziele, Agenda, Rollen etc.),
- Analyse der bisherigen Unternehmensstrategie (Strategie-Check),
- Vorstellung nächster Schritte, Erarbeitung der Arbeitsblätter (Schritte 1 bis 3 aus Kap. 3) erfolgt selbständig bis zum nächsten Workshop.

Vertiefendes Wissen: Fünf Sichtweisen auf eine Strategie nach Henry Mintzberg (Mintzberg 1987)

Diskutieren Sie das Verständnis von Strategie mit Ihrem Strategieteam zu Beginn des Strategieprozesses. Grundlage dieser Diskussion könnten die fünf Sichtweisen auf eine Strategie des kanadischen Ökonomen, Henry Mintzberg, sein. Sie werden bei dieser Diskussion feststellen, dass die meisten Ihrer Mitarbeiter eine Mischung aus einem oder zwei von Mintzbergs „Ps“ anwenden, selten jedoch alle. Der zweite Punkt, Strategie als „List“ („Ploy“), setzt bereits ein vertieftes Strategiewissen und geübte Anwendung strategischer Konzepte voraus und ist meiner Erfahrung nach in KMU kaum anzutreffen.

Fünf Sichtweisen auf eine Strategie

1. **„Plan":** Strategie ist die Planung, wie ein auf drei bis fünf Jahre festgelegtes Ziel erreicht werden kann. Mintzberg unterstreicht damit die Wichtigkeit der Plan- und Kontrollierbarkeit der festgelegten Ziele und Maßnahmen.
2. **„Ploy":** Spielzüge führen das Unternehmen in mehreren Schritten hin zum angestrebten Ziel, lösen aber auch Reaktionen der Mitbewerber aus. Eine Strategie kann also auch darauf ausgelegt sein, Reaktionen der Konkurrenten zu provozieren.
3. **„Pattern":** Gerade in Kleinunternehmen ist oft anzutreffen, dass eine Strategie nicht schriftlich fixiert ist. Die Ziele werden aus den erfolgreichen Maßnahmen der Vergangenheit abgeleitet, indem sich über Jahre erkennbare Handlungsmuster gebildet haben.
4. **„Position":** Nach dieser Sichtweise geht es um die Position des Unternehmens oder die Positionierung einzelner Produkte und Leistungen in einem bestimmten Markt. Ausgangspunkt und Ziele des Unternehmens in Bezug auf Marktstellung, Angebot oder Kundenbeziehung sind die wichtigsten Größen für eine eigene Strategie.
5. **„Perspective":** Die Strategie zeigt Mitarbeitern und Kunden die klare Stoßrichtung des Unternehmens. Sie gibt so die Gewissheit, den richtigen Arbeitgeber, die richtige Lieferantin etc. gewählt zu haben.

Strategische Führung ist damit ein komplexer, vielschichtiger Prozess. Sie ist eng mit dem Unternehmer und der Ausgangssituation des KMU verbunden. Als größter gemeinsamer Nenner kann man Strategie als „planvolle Ausrichtung der Unternehmensaktivitäten auf ein langfristiges Ziel" bezeichnen.

Workshop 1: Informationsanalyse

In Workshop 1 werden Sie in Ihrer Analyse etwas fundierter. Zuerst nehmen Sie Ihr Unternehmen genauer unter die Lupe: Was können Sie besonders gut? Was kostet Ihnen viel Mühe? Womit können Sie gegenüber Ihren Konkurrenten eine Stärke entwickeln?

Danach widmen Sie sich Ihrer Umwelt. Welche Entwicklungen könnten förderlich für Ihr Unternehmen sein? Woraus könnte sich eine Gefahr ergeben? Der nächste Schritt gehört Ihrer Konkurrenz und Ihrer Branche und hat das Ziel, Ihnen ein Gefühl dafür zu geben, ob Sie richtig positioniert sind. Die hier angesprochenen Arbeitsblätter 1 bis 3.2 wurden von Ihrem Strategieteam bereits selbständig erarbeitet. Nun gilt es, eine gemeinsame Sicht auf diese Dingen zu finden. Sie schließen Ihre Informationsanalyse mit der TOWS-Matrix ab, die Ihnen bereits erste Aufschlüsse darüber geben wird, wohin Ihre Unternehmensreise gehen könnte.

Im zweiten Teil dieses Workshops arbeiten Sie selbständig oder im Plenum an einem gemeinsamen Wertvorstellungsprofil, einem Leitbild und einer Vision. Diese Punkte sind gruppendynamisch sehr wertvoll, weil sie wesentlich zu einem Wir-Gefühl beitragen können.

Abschließend werden wiederum die nächsten Schritte erläutert, um dem Team ein selbständiges Erarbeiten der nächsten Arbeitsblätter zu ermöglichen.

Workshop 1 könnte demnach nachfolgende Struktur beziehungsweise Agendapunkte aufweisen:

- Diskussion und Konsolidierung der Arbeitsblätter aus den Schritten 1 bis 3,
- Erarbeitung TOWS-Matrix und strategische Stoßrichtungen,
- Erarbeitung Wertvorstellungsprofil, Leitbild und Vision (Schritt 4),
- Erläutern der Aufgabenstellung 6.1, Erarbeitung des Arbeitsblattes erfolgt selbständig bis zum nächsten Workshop.

Workshop 2: Strategieentwicklung

Wenn Sie Ihre Ausgangssituation ausreichend reflektiert haben, ist es nun an der Zeit, Ihre Strategieentwicklung zu beginnen. Basierend auf Ihren Erkenntnissen aus den Schritten 1 bis 5 (siehe Kap. 3) können Sie nun starten, den Kurs Ihres Unternehmens festzulegen. Das beginnt mit Ihrer großen Vision (Schritt 5), Ihrem großen Ziel und wird in der Entwicklung von strategischen Erfolgspositionen (Schritt 6) operationalisiert. Abgeschlossen wird die Strategieentwicklung mit einem erneuten Blick auf die Unternehmensumwelt und mit dem Ziel, dort sogenannte strategische Geschäftsfelder (Schritt 7) zu entdecken, also jene Marktausschnitte zu identifizieren, die Ihrem Unternehmen Wachstum und Rentabilität ermöglichen könnten.

Ich habe schon viel darüber gesprochen, wie wichtig es ist, Ihre Strategie schriftlich festzuhalten. Dies ist der Zeitpunkt, an dem Sie damit beginnen sollen. Stellen Sie Ihrem Strategieteam Ihr Strategiepapier vor (siehe Abschn. 2.6) und stellen Sie sicher, dass bis zum nächsten Workshop die bisherigen Ergebnisse eingetragen werden.

Workshop 2 könnte demnach nachfolgende Struktur beziehungsweise Agendapunkte aufweisen:

- Gemeinsame Erarbeitung der Nutzenpotenziale (Ergebnisse der Arbeitsblätter 6.1 fließen ein),
- Strategische Erfolgspositionen mit Arbeitsblatt 6.2 suchen und mit dem Arbeitsblatt 6.3 bewerten und überprüfen,
- Vorstellung Strategiepapier (bisher erarbeitete Inhalte werden bis zum nächsten Workshop übertragen),
- Erläutern der Aufgabenstellung 7.1, Erarbeitung des Arbeitsblattes erfolgt selbständig bis zum nächsten Workshop.

Workshop 3: Strategieumsetzung

Wurden nun Stoßrichtungen formuliert, die Vision festgelegt und somit der Kurs der Reise bestimmt, ist es Ziel von Workshop 3, an sogenannten strategischen Geschäftsfeldern (Schritt 7) zu arbeiten und Maßnahmen zur Umsetzung Ihrer Strategie zu entwickeln. Hier soll beantwortet werden, wie die jeweiligen Ziele erreicht werden können, welche Maßnahmen es dafür benötigt, wer dafür zuständig ist und wie lange die Umsetzung dauern wird (Wie Sie Ihre Strategieumsetzung professionell initiieren können, lesen Sie in Kap. 6).

Die Struktur beziehungsweise Agendapunkte für Workshop 3 könnte/n demnach sein:

- Selbständig erarbeitete strategische Geschäftsfelder (Arbeitsblatt 7.1) diskutieren und konsolidieren,
- Bewertung der strategischen Geschäftsfelder (Arbeitsblatt 7.2),
- Formulierung von Zielen und Definieren von Maßnahmen (Arbeitsblatt 7.3),
- Einteilung der Maßnahmen in Aufgaben und Projekte,
- Erstellung des Erstansatzes des Strategiepapiers,
- Strategiepapier soll selbständig bis zum nächsten Workshop reflektiert werden.

Workshop 4: Verabschiedung und Kommunikation

Zusammengefasst werden alle Analysen, Auswertungen und Maßnahmen im Strategiepapier, das in Workshop 4 des Strategieprozesses verabschiedet werden soll. Hier angekommen, können Sie zu Recht stolz auf sich sein! Sie haben für Ihr Unternehmen eine professionell erarbeitete Strategie formuliert – die nicht nur Sie und Ihr Strategieteam, sondern die gesamte Belegschaft kennen sollte. Investieren Sie daher Zeit in die Kommunikation Ihrer Strategie! Machen Sie Ihr Strategiepapier für jedermann zugänglich und erläutern Sie Ihre Strategie Ihren Mitarbeitern in einer Informationsveranstaltung oder ähnlichem. Sie vermitteln dadurch nicht nur Kompetenz, sondern setzen auch einen vertrauensbildenden Prozess in Gang, der Ihre Mitarbeiter nicht im Unklaren lässt, wohin die Reise Ihres Unternehmens gehen soll. Darüber hinaus kann Ihre Strategie natürlich auch die eine oder andere Veränderung für Ihre Mitarbeiter bedeuten. Je mehr sich Ihre Mitarbeiter in den Veränderungsprozess eingebunden fühlen und je weniger sie das Gefühl haben, von „oben überrannt" zu werden, desto eher werden sie diese Veränderungen mittragen.

Die mit der Verabschiedung des Strategiepapiers beginnende Umsetzung der Strategie benötigt die gleiche Professionalität wie die Strategieentwicklung. Es bedarf neben einer umfassenden Planung eines regelmäßigen Controllings. Überprüft wird dabei nicht nur die Zielerreichung der vereinbarten Maßnahmen oder

Arbeitspakete, sondern auch die Strategie selbst. Das dynamische Umfeld macht eine Überprüfung der Strategie mindestens einmal im Jahr notwendig.

Die Struktur beziehungsweise Agendapunkte für Workshop 4 könnte/n demnach lauten:

- Strategiepapier gemeinsam reflektieren und verabschieden,
- Diskussion und Vervollständigen des Ziele- und Maßnahmenplans (Ziele und Termine),
- Diskussion und Vereinbaren von Maßnahmen zur Kommunikation.

Tipp

✓ Für Ihre Strategieentwicklung habe ich für jeden der hier vorgestellten Workshops eine detaillierte Agenda zusammengestellt. Diese Agenden helfen Ihnen, die Ziele jedes Workshops zu verstehen, zeigen Ihnen, welche der in den nachfolgenden Kapiteln vorgestellten Schritte und Arbeitsblätter Sie benötigen werden, und erleichtern Ihre Vorbereitung. Sie können dies unkompliziert und kostenlos unter www.urs-frey.com downloaden.

2.5 Die Vorbereitung: Der Strategie-Check

Legen wir los! Schön, dass Sie dabei sind! In der Vorbereitung starten wir noch nicht mit der eigentlichen Strategiearbeit. Vielmehr geht es darum, Ihr Strategieteam für die nachfolgende Arbeit zu sensibilisieren. Dafür wird die persönliche Einschätzung Ihrer Mitarbeiter zur Ausgangslage des Unternehmens und der bisher gelebten Strategie mittels eines Fragebogens abgefragt. Sie werden über die Vielfalt der Antworten staunen!

Hier erfahren Sie

- Wie Sie Ihr Strategieteam für die Strategiearbeit vorbereiten können.
- Wie Sie Ihr Strategieteam überzeugen können, dass Bedarf an einer Strategiearbeit besteht.

- Wie Sie Ihr Strategieteam zu einer gemeinsamen Sicht der Dinge hinführen können.
- Wie Sie richtig starten, damit Ihre Strategieentwicklung Vertrauen in Ihrem Strategieteam und im gesamten Unternehmen schaffen kann.

Strategie-Check
Ich starte meine Strategiearbeit in Unternehmen immer mit einem sogenannten Strategie-Check. Dabei fordere ich alle am Strategieprozess beteiligten Personen auf, eigenständig Fragen zur Ausgangslage des Unternehmens und zur bisher gelebten Strategie zu beantworten. Einfach „frei von der Leber weg" – ohne Vorbehalte und aus einer ganz persönlichen Perspektive. Das Ergebnis erstaunt immer wieder! Ich erlebe Unternehmensleiter, die es nicht glauben können, dass Ihre Mitarbeiter die Unternehmensstrategie nicht kennen. Ich stoße auf Strategieteams, deren Antworten dermaßen voneinander abweichen, dass man glauben könnte, sie befänden sich in unterschiedlichen Unternehmen.

Ein Strategie-Check passiert natürlich nie, um seine Mitarbeiter bloßzustellen oder sie abzuprüfen, ob Sie denn wichtige Unterlagen des Unternehmens kennen. Alleiniges Ziel dieses Strategie-Checks ist die Sensibilisierung der Mitarbeiter für die Notwendigkeit einer Strategiearbeit. Denn während Meinungen und Einschätzungen durchaus variieren können und das auch legitim ist – das ergibt sich unter andern auch häufig aufgrund der unterschiedlichen Positionen und damit Schwerpunkte der Beteiligten – ist eine gemeinsame Sicht der Dinge für die Strategie unbedingt notwendig. Wenn nicht alle an ein und demselben Strang ziehen, kann der Unternehmenskurs nicht geradlinig verlaufen. Und genau das ist es, was eine Strategie will.

Darüber hinaus ist dieser erste Schritt wichtig, um einen Vertrauensprozess zwischen dem Verantwortlichen der Strategieentwicklung und seinem Team in Gang zu setzen. Indem Sie Ihre Mitarbeiter gleich zu Beginn darum bitten, Ihre Einschätzungen preiszugeben, und indem Sie ihnen die Möglichkeit zur aktiven Mitgestaltung anbieten, vermitteln Sie ihnen ein Gefühl der gleichen Augenhöhe. Sie schenken Ihren Mitarbeitern Vertrauen in ihre Kompetenz, Dinge richtig einzuschätzen, und in ihre Professionalität, die Strategieentwicklung ernst zu nehmen. Mit diesem Vertrauensvorschuss können Sie Unglaubliches bewirken! Von „der verpflichtenden Kraft des Vertrauens" spricht Reinhard Sprenger (Sprenger 2013), „Wie durch Geschenke kann man auch durch Vertrauensbeweise fesseln", so Nikolas Luhmann (zitiert in Sprenger 2013). Beide meinen das Gesetz der Reziprozität, das das Streben eines jeden Menschen nach dem Ausgleich zwischen

Geben und Nehmen beschreibt. Bekommen wir ein Geschenk, fühlen wir uns dem Geber verpflichtet. Dieses Prinzip ist auch auf das Thema Vertrauen anwendbar.

Strategie-Check – das Vorgehen
Nachdem Sie Ihrem Strategieteam mitgeteilt haben, was in der Strategieerarbeitung auf sie zukommen wird, ist es nun an der Zeit, die persönliche Einschätzung aller Beteiligten abzufragen.

Teil A

1. Teilen Sie das Arbeitsblatt Strategie-Check (siehe Abb. 2.5) an alle Beteiligten aus und ersuchen Sie diese, die Fragen nach freien Stücken spontan zu beantworten.
2. Diskutieren Sie die Antworten im Plenum. Behalten Sie im Hinterkopf, dass es nicht das Ziel ist, bereits in diesem Schritt eine gemeinsame Sichtweise herzustellen. Vielmehr geht es um die Sensibilisierung der Beteiligten über die Diversität der Antworten. Darüber hinaus gibt es Ihnen als Moderator des Prozesses bereits erste Hinweise, wo besonderer Diskussionsbedarf besteht.
3. Notieren Sie die zentralen Erkenntnisse aus dieser Diskussion am Arbeitsblatt.

Teil B

1. Teilen Sie nun das Arbeitsblatt „Leitsatz und aktuelle Differenzierungsstärken" an alle Beteiligten aus und ersuchen Sie diese, die Fragen nach freien Stücken zu beantworten. Geben Sie ihnen dafür ca. zehn Minuten Zeit (siehe Abb. 2.6).
2. Diskutieren Sie die Antworten erneut im Plenum. Auch hier geht es wiederum nicht darum, sich auf eine gemeinsame Antwort zu einigen.
3. Notieren Sie wieder die zentralen Erkenntnisse aus Ihrer Diskussion.

Tipps

✓ Es empfiehlt sich, bereits hier die zwei unterschiedlichen Arbeitsweisen (selbständiges Erarbeiten und Diskussion im Plenum) anzuwenden. Sie setzen damit einen gruppendynamischen Prozess in Gang, der den Beteiligten hilft, unterschiedliche Sichtweisen einzunehmen und auch zu

ARBEITSBLATT
STRATEGIE-CHECK

URSFREY
SPEAKER & BUSINESS EXPERT

DATUM: 14.02.16 VERSION: 1

Hinweis: Antworten Sie spontan. Sie sollten nicht mehr als 5 Sekunden pro Frage überlegen.

	Fragen....	nein	zum Teil	ja
	zur strategischen Ausgangslage			
1	Wachsen die Märkte, in denen Sie tätig sind?		X	
2	Gibt es genügend Möglichkeiten, sich in Ihren Märkten zu differenzieren bzw. zu spezialisieren?			X
3	Können Sie Ihre Kunden stark unter Druck setzen (Preise/Termine)? (sog. Macht des Anbieters)	X		
4	Haben Sie in Ihren Märkten bzw. in Ihrem Geschäft eine führende Position?	X		
5	Haben Sie gegenüber der Konkurrenz - aus Sicht des Kunden - klare Vorteile?			X
6	Gelingt es Ihnen, laufend neue Produkte oder Dienstleistungen einzuführen (Innovationen)?		X	
7	Verfügen Sie gegenüber der Konkurrenz über deutliche Kostenvorteile?	X		
8	Konzentriert sich Ihr Unternehmen auf einen oder wenige Kernbereiche?		X	
	zur Kommunikation / zu den Kenntnissen der (bisherigen) Strategie			
9	Ist die Strategie Ihres Unternehmens konkret festgelegt? Sind die Zielprioritäten bezüglich Produkte/Märkten sowie die Differenzierung klar?	X		
10	Haben Sie verschiedene strategische Stossrichtungen ernsthaft geprüft?	X		
11	Kennen die Mitarbeiter die Strategie und ihre Prioritäten der jeweiligen Ziele?		X	
12	Wird die Strategie in Ihrem Unternehmen konsequent umgesetzt?		X	
	Total	5	5	2

Erkenntnisse aus der Diskussion

Wir müssen die Chance nutzen, unsere Zukunft selber aktiv zu bestimmen, indem wir eine unternehmensspezifische Strategie erarbeiten.
Wir müssen unsere Vorteile gegenüber Konkurrenzprodukten stärker betonen.
Wir haben durchaus Möglichkeiten, uns durch individuellen Service zu spezialisieren.

Abb. 2.5 Arbeitsblatt Strategie-Check. (Eigene Darstellung)

ARBEITSBLATT

LEITSATZ UND AKTUELLE DIFFERENZIERUNGSSTÄRKEN

URSFREY
SPEAKER & BUSINESS EXPERT

DATUM: 14.02.16 VERSION: 1

a) Wie lautet der Leitsatz Ihres Unternehmens?

Ihr Spezialist für Kleinmotoren!

Wir sind der führende Hersteller von Hightech-Produkten auf dem Gebiet von kundenspezifischen Antriebslösungen mit Schwerpunkt der mechanischen Kleingetriebe und -motoren.

b) Wo liegen die Stärken Ihres Unternehmens? Worin differenzieren Sie sich gegenüber der Konkurrenz?

Formulieren Sie stichwortartig mindestens 6 Differenzierungsstärken!

1. Wir bieten maßgeschneiderte, kundenspezifische Lösungen an.
2. Wir arbeiten termingerecht mit einem hohen Maß an Flexibilität bei kundenseitigen Änderungswünschen.
3. Wir verfügen über langjährige, gut qualifizierte Mitarbeiter.
4. Unser moderner Maschinenpark ist innerhalb der Branche führend.
5. Wir bieten Ihnen kompetente Ansprechpartner, zu denen sie in der Projektphase jederzeit direkten Kontakt haben.
6. Wir verfügen über viele gute Referenzen bei ausgewählten Kunden in den Zielbranchen.

Erkenntnisse aus der Diskussion

Wir blicken auf eine erfolgreiche 85jährige Vergangenheit zurück, die wir noch zielgerichteter kommunizieren können.
Es fehlen uns noch die herausragenden Differenzierungsmerkmale aus Sicht des Kunden.
Wir sollten unsere Referenzkunden verstärkt für die Außenkommunikation nutzen.
Wir haben nur einen mäßig attraktiven Internetauftritt.
Wir sollten uns ein frischeres Image geben.

Abb. 2.6 Arbeitsblatt Leitsatz und aktuelle Differenzierungsstärken. (Eigene Darstellung)

verstehen. Sie fördern damit Verständnis und Empathie – zwei Voraussetzungen, die Ihnen den Strategieprozess deutlich erleichtern können.

✓ Nehmen Sie sich Zeit dafür, Ihrem Strategieteam das gesamte Vorhaben vorzustellen, und räumen Sie Ihrem Team einen gewissen Gestaltungsspielraum ein. Sie erwarten von Ihren Leuten aktive Mitarbeit und Engagement – je mehr Beteiligung und Verantwortung Sie Ihrem Team gewähren, desto motivierter wird es daran arbeiten.

✓ Bereiten Sie sich gut vor! Sie vermitteln Vertrauen, wenn Sie in Ihrem ersten Workshop souverän auftreten. Die Hilfsmittel (Agenda, Arbeitsblätter) auf www.urs-frey.com unterstützen Sie bei Ihrer Vorbereitung!

✓ Vertrauen äußert sich in diesem Schritt primär durch die reine Zugehörigkeit der ausgewählten Mitarbeiter zum Strategieteam. Das heißt, der Inhaber schenkt diesen Mitarbeitern das Vertrauen und traut ihnen zu, gestaltend und mitbestimmend an der erfolgreichen Zukunft des Unternehmens arbeiten zu können. Dies gibt Ihren Mitarbeitern das für die Strategiearbeit nötige Selbstvertrauen: Sie vertrauen ihrem Wissen und ihren Erfahrungen, weil sie spüren, dass sie damit einen wesentlichen Beitrag zur Strategiearbeit leisten können. Denn sie kennen unter Umständen als Vertriebsmitarbeiter Ihres Unternehmens den Kunden und seine Bedürfnisse besser. Sie können die Konkurrenz aktuell und genau einschätzen und wissen um die Punkte, wo Ihr Unternehmen durch Ihre Mitbewerber am meisten bedrängt wird. Die Einschätzungen der Mitarbeiter sind häufig von besserer Qualität als die sogenannten exklusiven Branchenberichte ausgewählter Experten oder Marktinstitute, die meist überteuert und oft veraltet sind. Durch das vermittelte Vertrauen erheben Sie Ihre Mitarbeiter in den Expertenstatus. Ihren Mitarbeitern wird jene Wertschätzung zuteil, die meiner Erfahrung nach absolut berechtigt ist.

2.6 Das Resultat: Das Strategiepapier

Die Ergebnisse aus der Bearbeitung der sieben Schritte, welche im nachfolgenden Kap. 3 eingehend erläutert und mit Arbeitsblättern unterstützt werden, werden am Schluss der Strategieentwicklung als Schlussfolgerungen beziehungsweise Resultate aus den einzelnen Schritten zum eigentlichen Strategiepapier zusammengefasst und gegliedert.

Das nachfolgende Inhaltsverzeichnis dient mir jeweils als Grunddisposition für den Aufbau des Strategiepapiers. Ich verwende dazu eine Word-Dateivorlage, die wie folgt aufgebaut ist:

1. Vision
2. Werte und Führungsleitsätze
3. Strategische Erfolgspositionen (SEP)
4. Hauptstoßrichtungen
5. Strategische Geschäftsfelder (SGF)
6. Übergeordnete Ziele und Maßnahmen

Anhang

– Arbeitsblätter der Schritte 1 bis 7

Die Inhalte der einzelnen Kapitel stammen aus den erarbeiteten Ergebnissen der Schritte 1 bis 7, die nachfolgend im Kap. 3 ausführlich erläutert werden.

Mit Hilfe von eigens für die einzelnen Schritte kreierten Arbeitsblättern wird der Strategieentwicklungsprozess für alle Beteiligten Schritt für Schritt nachvollziehbar gemacht. Die Arbeitsblätter dokumentieren weiter den Fortschritt und halten die Ergebnisse schriftlich fest. So sind sie besser nachvollziehbar und können jederzeit überprüft, ergänzt oder erneut bearbeitet werden.

Das Strategiepapier ist quasi das nochmals verdichtete Kondensat der Arbeitsblätter und soll dem Leser die wichtigsten Ergebnisse sinnvoll gegliedert, in logischer Abfolge aufbereitet präsentieren. Im Anhang des Strategiepapiers werden alle Arbeitsblätter zwecks Dokumentation der Herleitung der Strategie aufgeführt.

Tipps

✓ Wichtig ist es, zu erwähnen, dass es sich hier um eine mögliche Disposition handelt. Sie sollten also keinesfalls jetzt von der Fülle eines möglichen Strategiepapiers zurückschrecken.

✓ Je nach Unternehmensgröße (Kleinst-, Klein- oder Mittelunternehmen), ob sie ein Handels-, Dienstleistungs- oder Industriebetrieb und ob sie international aufgestellt sind oder nicht, werden der Umfang und die überhaupt zu behandelnden Punkte aus der Disposition umfangreicher sein oder nicht.

- ✓ Ein „normales“ Strategiepapier wird gemäß meiner Erfahrung für die meisten KMU in etwa zwölf bis 20 Seiten – ohne Anhang – umfassen. Dies ist abhängig von der Anzahl der Geschäftsfelder und von der Komplexität Ihres Geschäftsmodells.
- ✓ Ein Beispiel für ein Strategiepapier mit den oben vorgestellten Inhalten finden Sie zum Download unter www.urs-frey.com. Es wird Ihnen helfen, einen Eindruck davon zu bekommen, wie Ihr Endergebnis aussehen könnte. Selbstverständlich können Sie es auch als Vorlage verwenden!

Literatur

Fueglistaller, U., Halter, F., & Fust, A. (2013). *Führungskompetenz – Unternehmerisches Agieren und Gestalten in Bewegung* (2. Aufl.). St. Gallen: KMU-Verlag HSG.

Giddens, A. (1984). *The Constitution of Society*. Berkeley: University of California Press.

Mintzberg, H., & Waters, J. A. (1985). Of strategies, deliberate and emergent. *Strategic Management Journal, 6*, 257–272.

Mintzberg, H. (1987). The Strategy Concept I. Five P's for Strategy. *California Management Review, 30*, 11–24.

Sprenger, R. K. (2013). *An der Freiheit des anderen kommt keiner vorbei*. Frankfurt: Campus.

3 Strategieentwicklung in sieben Schritten

„Wenn ich schon früher gewusst hätte, wie einfach das sein kann!“ So lautet das Resümee vieler meiner Kunden, die ich in ihrer Strategiearbeit unterstützen durfte. Dann hätten sie nicht erst gewartet, bis sie „Feuer unter dem Dach hatten“, die neue Konkurrenz bedrohlich an die Tür klopfte, die Renditekurve besorgniserregend nach unten zeigte oder bereits erste Mitarbeiter das Weite suchten. Schön, dass Sie es nicht so weit kommen lassen!

Strategiearbeit kann nämlich wirklich ziemlich einfach sein. Sie brauchen in Wirklichkeit nur Folgendes: Vertrauen in sich selbst, dass Sie das können. Ein wenig Zeit, keine Wochen oder Tage, in der Summe ungefähr einen Tag konzentrierte Arbeit. Im besten Fall ein kleines, aber feines Team, das Sie dabei unterstützt. Und ja, dieses Buch, das Ihnen alle notwendigen Unterlagen und Hilfsmittel dazu liefert. Letzteres können Sie ja dann schon mal abhaken!

Dieses Kapitel

- zeigt Ihnen, wie Sie Ihren Strategieentwicklungsprozess einfach und effektiv gestalten können.
- hält sieben Schritte für Sie bereit, mit denen Sie zu einer ganzheitlichen Strategie für Ihr Unternehmen kommen können.
- erklärt Ihnen jeden dieser Schritte einfach und nachvollziehbar: Es liefert Ihnen nur jene Informationen, die für KMU relevant sind, und spart mit langen theoretischen Hintergründen.
- bietet Ihnen Arbeitsblätter für jeden dieser sieben Schritte, die Sie kostenlos auf www.urs-frey.com downloaden und mit denen Sie die einzelnen Schritte eins zu eins umsetzen können.

U. Frey, *Vertrauen durch Strategie*, DOI 10.1007/978-3-658-12940-8_3

- lässt Sie mit einem Strategiepapier zurück, das Ihnen und Ihrer Belegschaft ein gehöriges Maß an Vertrauen in eine erfolgreiche Zukunft schenken wird!

3.1 Schritt 1: Unternehmensanalyse (Stärken und Schwächen)

Zu Beginn Ihrer Strategiearbeit fordere ich Sie auf, Ihr eigenes Unternehmen genauer unter die Lupe zu nehmen. Ziel dieser Analyse ist es, die Stärken und Schwächen Ihrer Unternehmung zu identifizieren. Keine Sorge! Es geht dabei nicht darum, auf Ihren wunden Punkten herumzureiten. Im Gegenteil: Wichtiger ist es, Ihre Stärken eingehend zu betrachten. Und glauben Sie mir, davon haben Sie mehr, als Sie vermuten!

► **Eine Unternehmensanalyse**

- zeigt Ihnen, wo Ihre Stärken liegen. Denn nur, wer seine Stärken kennt, kann sie auch nutzen!
- hilft Ihnen, sich strategisch sinnvoll am Markt zu positionieren. Denn es ist immer besser, sich über seine Stärken zu positionieren, als zu versuchen, seine Schwächen auszumerzen.
- vermittelt Ihnen und Ihren Mitarbeitern Vertrauen, in bestimmten Dingen richtig gut zu sein und genau darin zu investieren.

Nur wer seine Stärken kennt, kann Sie nutzen!
In meiner Arbeit mit unterschiedlichen Unternehmen stoße ich immer wieder auf solche, die in einzigartiger Weise in der Lage sind, Kundenbedürfnisse zu befriedigen, eine besondere Komponente herzustellen oder Qualität auf höchstem Niveau anzubieten. Für mich ist es dabei immer wieder überraschend, wie viele dieser Unternehmen sich Ihrer Stärken nicht bewusst sind. Sie haben zwar meist eine vage Idee, was sie gut und was sie weniger gut können, sind aber nicht in der Lage, das Potenzial ihrer Stärken ausreichend zu erkennen. Entsprechend fehlt ihnen natürlich auch das Vertrauen in diese Stärken. Aus diesem Grund ist es höchst empfehlenswert, immer wieder einmal einen Blick in sein Unternehmen zu werfen, um sicherzustellen, dass man auf die richtigen Pferde setzt. Denn nur wer seine Stärken kennt, kann Sie auch nutzen!

Natürlich ist es ebenso wichtig, sich seiner Schwächen bewusst zu sein. Eigenartigerweise scheint das Bewusstsein dafür in Unternehmen jedoch besser ausgeprägt zu sein, als die Kenntnis über die Stärken. Dies hat vermutlich damit zu tun, dass interessierte Mitarbeitende quasi ständig versuchen, ihren Beitrag für das Unternehmen dadurch zu leisten, indem sie einen Ablauf, eine Leistung etc. jeweils aus ihrer Sicht verbessern. Entsprechend unserer kulturellen Prägung, sich tendenziell eher auf Schwächen als auch Stärken zu konzentrieren, sind Stärken auch für den Kunden häufig weniger auffällig. Sie werden schlichtweg als selbstverständlich betrachtet! Erst das Fehlen solcher Stärken macht oft den bewussten Unterschied für einen externen Beobachter aus. So fällt eine unfreundliche Bedienung im Restaurant deutlich mehr auf als ein durchschnittlich angenehmer Servicefachangestellter.

Das Wissen über die eigenen Schwächen ist nicht primär wichtig, um diese bestmöglich ausmerzen, sondern um diese intelligent umgehen zu können (z. B. durch Kooperationen mit anderen Unternehmen, durch gezielte Weiterbildung oder auch nur durch eine stärkere Sensibilisierung der Mitarbeitenden).

Wie Sie Ihre Stärken und Schwächen erkennen

Bei der Betrachtung Ihrer Stärken und Schwächen sollten Sie zahlreiche Bereiche einbeziehen: Produktion, Innovation, Marketing, Verkauf, Mitarbeiter, Führungssysteme, Finanzen, Kultur etc. Grundsätzlich gilt: Versuchen Sie in Ihrer Unternehmensanalyse all jene Bereiche mitzudenken, die für den Erfolg Ihres Unternehmens wichtig sind.

Stärken und Schwächen sind häufig nicht nur aufgrund der eingangs genannten Gründe schwer zu Papier zu bringen. Die wirkliche Herausforderung ist es, den potenziellen Vor- oder Nachteil für den Kunden oder den stärksten Konkurrenten, der sich durch die eigene Stärke oder Schwäche ergibt, zu erkennen. Stärken und Schwächen sind demnach immer im Zusammenhang mit dem Kundennutzen beziehungsweise dem Vor- oder Nachteil aus Sicht der stärksten Konkurrenten zu betrachten. Erst wenn der Kunde oder der Konkurrent durch meine Stärken einen Vorteil/Nachteil beziehungsweise durch meine Schwäche einen Nachteil/Vorteil hat, spricht man von einer Stärke beziehungsweise Schwäche.

Dies ist in manchen Fällen auf den ersten Blick nicht gleich erkennbar. So kann sich aus einer vermeintlichen Stärke durchaus eine Schwäche entwickeln. Sind Sie beispielsweise ein Produktionsunternehmen, das sehr viel Wert auf Qualität legt, sie können aber aufgrund Ihrer hohen Qualitätsstandards nicht zum marktüblichen Preis und innerhalb einer vernünftigen Produktionszeit produzieren, entwickelt sich aus Ihrer vermeintlichen Stärke eine Schwäche. Kunden würden womöglich Ihre Qualitätsstandards schätzen, sind aber nicht bereit, ein Vielfaches des üblichen

Marktwertes dafür zu bezahlen, beziehungsweise nicht gewillt, deswegen lange auf die Produkte zu warten. Ihre Konkurrenten hingegen werden Ihnen den Rang ablaufen, da sie günstiger und schneller und zu ähnlicher Qualität produzieren können.

Die nachfolgenden Fragen helfen Ihnen, Ihre Stärken und Schwächen zu definieren:

Stärken

- Denken Sie an jene Unternehmensbereiche, die maßgeblich für den Erfolg Ihres Unternehmens verantwortlich sind. Worauf sind Sie in diesen Bereichen stolz? Welche Erfolge konnten Sie dort feiern?
- Welche dieser Unternehmensbereiche beziehungsweise -prozesse erzielen die besten Resultate?
- Welche besonderen Fähigkeiten und Stärken zeichnen Sie gegenüber ihrer Konkurrenz aus?
- Welche Stärken Ihrer Leistungen oder Produkte vermögen Ihre Marktposition weiter auszubauen?

Schwächen

- Welche Unternehmensbereiche beziehungsweise -prozesse bieten Verbesserungspotenzial?
- Welche Schwierigkeiten gibt es? Wo erhalten Sie Kundenreklamationen?
- Welche Störungen behindern Sie beim optimalen Prozessablauf, um Ihre Leistungen, Produkte herzustellen und auf den Markt zu bringen?
- Welche Bedürfnisse Ihrer Kundschaft können Sie aktuell nicht erfüllen?

Die Unternehmensanalyse – das Vorgehen

Bei der Unternehmensanalyse geht es also darum, Ihre Stärken und Schwächen transparent zu machen und ungeschönt niederzuschreiben. Dieser Schritt dient als Basis für weitere Analysen, bei denen unter anderem auf Basis der Stärken und Schwächen weitere Schlussfolgerungen für das Unternehmen gezogen werden können. Mit Hilfe des nachfolgenden Arbeitsblattes (siehe Abb. 3.1) können Sie die Unternehmensanalyse als eine Art Stärken-/Schwächen-Profil für Ihr Unternehmen strukturiert und rasch durchführen.

Die Analyse basiert auf einer internen, ressourcenorientierten Sichtweise der Vor- und Nachteile des Unternehmens, die daran anschließend mit dem stärksten Konkurrenten verglichen werden. Damit stellen Sie sicher, dass Ihre identifizierten

ARBEITSBLATT 1

UNTERNEHMENSANALYSE (SCHRITT 1)

URSFREY
SPEAKER & BUSINESS EXPERT

DATUM: 14.02.16 VERSION: 1

Bereich	Kriterien (Kurzbeschreibung)	Bewertung															Einschätzung für unser Unternehmen	
		schlecht					mittel					gut						
		7	6	5	4	3	2	1	0	1	2	3	4	5	6	7	Stärke	Schwäche
A. Unternehmensführung / Kultur																		
1	Gute und schnelle Entscheidungswege														X		×	
2	Große Handlungsfreiheit der Geschäftsleitung													X			×	
3	Familienunternehmen mit ausgeprägter Firmenkultur														X		×	
B. Leistungserstellung / Produktion																		
1	moderner, junger Maschinenpark											X					×	
2	hohe Flexibilität dank guter Kostenstruktur													X			×	
3	eher dünne Personaldecke für 3-Schicht Betrieb			X														×
C. Innovation / Forschung & Entwicklung																		
1	Zahlreiche Innovationen werden erarbeitet und präsentiert										X						×	
2	Kunden bestellen mehrheitlich Standardlösungen			X														×
3	Wir können unsere Innovationskraft nur bedingt verkaufen		X															×
D. Einkauf / Marketing / Verkauf																		
1	Viele persönliche Kundenkontakte												X				×	
2	Wenig ausgeprägtes Key Account Management			X														×
3	kontinuierliche Margenerosion		X															×
E. Mitarbeiter																		
1	ausgeprägte Identifikation der Mitarbeiter													X			×	
2	fehlende Sprachkenntnisse (engl.) der Mitarbeiter						X											×
3	hohe Veränderungsbereitschaft der Mitarbeiter und der GL														X		×	
F. Führungssysteme / Führungsstruktur																		
1	Kein automatisiertes Führungsinformationssystem vorhanden							X										×
2	Zu viele unproduktive Sitzungen								X									×
3	Flexibler und schneller bilateraler Austausch bei Problemen									X							×	
G. Finanzen / Eigentümer																		
1	hohe Unabhängigkeit gegenüber Banken													X			×	
2	gute Eigenkapitalbasis, starke Reinvestition des Cash-Flows											X					×	
3	noch ungelöste Nachfolgeregelung				X													×
I. Sonstiges																		
1	differenzierte Kalkulationsvarianten fehlen							X										×
2	geringer Automatisierungsgrad in der Administration				X													×

Erkenntnisse aus der Diskussion

Wir müssen mit einem gezielten Effort unsere Stärken dem Kunden besser verkaufen.
Wir verfügen nur bedingt über ein Führungsinformationssystem, was uns zeitnah mit den relevanten Daten versorgt.
Wir stecken jährlich etliche Ressourcen in Produkt- und Verfahrensinnovationen.
Wir sollten ein differenziertes, kundenbedarfgerechtes Kalkulationsverfahren ausarbeiten.

Abb. 3.1 Arbeitsblatt 1 – Unternehmensanalyse (Schritt 1). (Eigene Darstellung)

Vor- und Nachteile keine absoluten Größen, sondern in Relation zu Ihrer Konkurrenz bewertete Stärken und Schwächen sind. Gehen Sie dazu wie folgt vor:

1. Listen Sie jene Unternehmensbereiche, die für den Erfolg Ihres Unternehmens maßgeblich sind, auf. Tragen Sie diese in die grau hinterlegten Felder A), B), C) etc. ein. Alternativ dazu können Sie auch die bereits vordefinierten Überbegriffe verwenden.
2. Versuchen Sie nun, für jeden dieser Bereiche die Kriterien (Was ist für diesen Bereich wichtig?) aus Unternehmenssicht kurz zu beschreiben. Achten Sie dabei auf eine neutrale (wertfreie) Formulierung.
3. Bewerten Sie diese Kriterien für Ihr Unternehmen (U) auf der vorhandenen Skala. Sind Sie in der Umsetzung dieses Kriteriums gut/mittel/schlecht und in welcher Ausprägung (0, 1, 2, 3, 4, . . . 7)?
4. Bewerten Sie anschließend Ihren stärksten Konkurrenten (K) auf dieser Skala hinsichtlich dieser Kriterien.
5. Versuchen Sie nun, zu beurteilen, wie Ihr Unternehmen diese Kriterien im Vergleich zum Konkurrenten erfüllt. Ergibt sich dadurch für Ihr Unternehmen eine Stärke oder eine Schwäche? Halten Sie ihre Einschätzung in der letzten Spalte mit einem X fest.
6. Halten Sie allfällige Erkenntnisse aus der Diskussion im entsprechenden Feld fest.

Ihre Stärken und Schwächen werden Sie später im Schritt 3 (TOWS-Matrix) wieder benötigen! Dort werden sie Ihnen helfen, herauszufinden, wohin sich Ihr Unternehmen entwickeln soll.

Tipps

✓ Überlegen Sie, wo Sie in den vergangenen Jahren Geld und Zeit investiert haben. Wenn die Zuordnung dieser Investitionen nicht völlig falsch war, haben sich daraus entsprechende Stärken ergeben. Ein Beispiel kann ein moderner Maschinenpark sein, der die Produktionszeit für die Herstellung verkürzt, mit dem Mitarbeiter gerne arbeiten und der dadurch für den Kunden eine echte Mehrleistung darstellt. Daran sehen Sie, dass permanente Investitionen in den Ersatz von bestehenden Maschinen und die Erneuerung und Verbesserung laufender Produktionsprozesse in den vergangenen Jahren nun durchaus entsprechende Stärken (wie

z. B. motivierte Mitarbeiter, moderner Maschinenpark, hoher Automatisierungsgrad etc.) und sogar mögliche (strategische) Erfolgspotenziale bringen können. Immerhin haben Sie die Nase ganz klar vorne, wenn Sie aufgrund Ihres modernen, hochautomatisierten Maschinenparks die individuellen Bedürfnisse der Kunden schneller und besser befriedigen können als Ihre Konkurrenz!

✓ Das Arbeitsblatt 1 (Abb. 3.1) eignet sich sehr gut, um es von ausgewählten Mitarbeitern selbständig erarbeiten zu lassen. Sie erhalten dadurch eine größere Anzahl von unterschiedlichen Sichtweisen. Diese können im Anschluss in einem Strategieworkshop diskutiert werden (vgl. dazu Abschn. 2.4).

✓ Diese Analyse kann einen erheblichen vertrauensbildenden Effekt haben. Die Besinnung auf eigene Stärken stärkt das Selbstvertrauen und das Wissen um Schwächen vermittelt das gute Gefühl, nicht so leicht „kalt erwischt" werden zu können.

3.2 Schritt 2: Umweltanalyse (Chancen und Gefahren)

Mit einer Umweltanalyse nehmen Sie die Umwelt Ihres Unternehmens genau unter die Lupe. Sie hilft Ihnen, Trends zu identifizieren, um so Chancen und Gefahren für Ihr Unternehmen zu erkennen. Behalten Sie Ihre Umwelt im Auge, können Sie Entwicklungen frühzeitig erkennen und daraus für die Zukunft die richtigen Schlüsse für Ihr Unternehmen ziehen. Im Gegensatz zu der Unternehmensanalyse (Schritt 1) handelt es sich hierbei um in der Regel nicht oder kaum beeinflussbare Parameter.

► **Eine Umweltanalyse**

- hilft Ihnen, Trends zu identifizieren, um Chancen und Gefahren für Ihr Unternehmen zu erkennen.
- unterstützt Sie dabei, der Konkurrenz „eine Nasenlänge voraus zu sein".
- kann als Attraktivitätscheck für Ihre bestehende Strategie dienen, da sie Ihnen aufzeigen wird, ob Sie auf die richtigen Entwicklungen gesetzt haben.

Wie sehr die Umwelt Unternehmen beeinflussen kann, zeigte die im Januar 2015 gefällte Entscheidung der Schweizer Nationalbank (SNB), den Franken vom Euro zu lösen. Vor dem Tag dieser Entscheidung war der Euro durch Interventionen seitens der SNB über fast 3,5 Jahre konstant 1,20 Franken wert gewesen, danach purzelte er kurz auf ein Rekordtief von 0,85 Franken, um sich daraufhin bei ungefähr 1,05 Franken einzupendeln. Für viele Schweizer Unternehmer bedeutete das praktisch über Nacht eine schlagartig unverschuldete Verteuerung ihrer Exporte, beziehungsweise empfindliche Nachteile für jene Unternehmen, die ihre Produkte in der Schweiz herstellen und ins Ausland liefern (z. B. Lohnfertiger und Zulieferer für die deutsche Maschinen- und/oder Automobilindustrie). Umgekehrt wurden Importe in die Schweiz sofort günstiger. Doch profitieren davon können nur Unternehmen, die Güter oder Leistungen aus dem Ausland für den heimischen Markt beziehen. Eine plötzliche, maßgebliche Veränderung der Ausgangssituation, die viele Unternehmen und insbesondere KMU vor eine große, in manchem Fällen vor eine existenzielle Herausforderung stellte.

Es wäre wohl verwegen, heute hier zu behaupten, dass man sich für diese Entwicklung mit einer ordentlich durchgeführten Umweltanalyse hätte rüsten können. Was dieses Beispiel aber wunderbar aufzeigt, ist der Einfluss der Umwelten auf Unternehmen. Eine einzige Entscheidung brachte viele Unternehmen um einen guten Teil ihres Umsatzes! Eine einzige Entscheidung wurde für viele zum existenziellen Problem! Während eine Umwelt, die Schweizer Nationalbank in diesem Beispiel, viele Unternehmen offensichtlich ganz ordentlich aus der Bahn werfen kann, haben Unternehmen umgekehrt keinerlei oder bei internationalen Großkonzernen nur marginalen Einfluss auf ihre Umwelt. Die Schweizer Nationalbank wertete geldpolitische Ziele höher als wirtschaftspolitische. Davon konnten sie auch die Interessen der Unternehmen nicht abbringen.

Eine Umwelt näher betrachtet

In der Theorie wird unter Umwelt das politisch-rechtliche, wirtschaftliche, technologische, gesellschaftliche und ökologische Umfeld eines Unternehmens verstanden (vgl. Pümpin und Amann 2005).

- Die **politisch-rechtliche Umwelt** umfasst die Organisation und Stabilität des politischen Systems einer Region sowie die rechtlichen Normen, die in der Region tätige Unternehmen beeinflussen. Ersteres ist im deutschsprachigen Raum erfreulicherweise selten eine besonders kritische Umwelt. Rechtliche Normen hingegen können das tägliche Leben von Unternehmen entscheidend beeinflussen – denken Sie nur an Genehmigungen, Verordnungen, Auflagen oder Steuerprivilegien oder -regulierungen.

- Die **ökonomische Umwelt** beschreibt volkswirtschaftliche Entwicklungen wie Wirtschaftswachstum, Zinsen, Inflationsrate, Wechselkurse oder Arbeitslosigkeit. Diese beeinflussen Unternehmen in Form von Nachfrageentwicklung, Wettbewerbsintensität, Kostendruck oder Investitionsklima und -risiko. Die angesprochene Entscheidung der Schweizer Nationalbank ist ein gutes Beispiel dafür. Hier schlug eine Veränderung in der ökonomischen Umwelt nicht irgendwie über Umwege, sondern beinhart und unmittelbar in Zahlen für die Unternehmen zu Buche.
- Die **technologische Umwelt** beeinflusst Unternehmen auf vielfältige Weise und meist erheblich. Ob Sie es als Unternehmen schaffen, für Sie relevante technologische Entwicklungen mitzumachen oder eventuell sogar mitzugestalten, wird maßgeblichen Einfluss auf Ihren Platz im Wettbewerb haben. Davon wird es abhängen, wie effizient Sie produzieren und ob Sie fähig sind, bestimmte Neuerungen überhaupt anzubieten. Wichtige technologische Neuerungen zu verschlafen, kann sich kein Unternehmen leisten! Das heißt allerdings nicht, dass Sie jede Neuerung mitmachen müssen! Wichtig ist, dass Sie wissen, wie sich der Markt entwickelt – wie Sie dann darauf reagieren, ist eine andere Frage. Denken Sie dabei an den grundsätzlich zunehmend rasanten Wandel in der Art, wie wir Musik konsumieren. War bis vor 20 Jahren noch die Vinyl-Schallplatte das Medium schlechthin für Musik, wurde es in den Neunzigerjahren durch die CD-ROM abgelöst. Bald darauf erfand das Fraunhofer-Institut den MP3-Speicherstandard und eröffnete damals dem Unternehmen Apple mit dem iTunes Music-Store neue ungeahnte Möglichkeiten. Die heutige Jugend konsumiert Musik über Streaming-Angebote. 20 Jahre Technologieentwicklung, welche manches Unternehmen forderte und auch zwang, bestehende Produktionsanlagen zu desinvestieren, zu erneuern oder zu schließen, wenn zu spät reagiert wurde.
- Die **gesellschaftliche Umwelt** meint zum einen Strukturmerkmale (z. B. Bevölkerungsstruktur, Bildungswesen) und Trends (z. B. demografische Entwicklung) und zum anderen Werte, Einstellungen und Verhaltenswesen der Menschen, die in Beziehung zum Unternehmen stehen. Hier findet Wandel statt, der sowohl auf die Ausgestaltung der Arbeit und Produktionsmethoden als auch auf die Ansprüche an Produkte und Dienstleistungen Einfluss haben kann. Ein derzeit medial häufig diskutiertes Thema ist der Umgang mit jungen Arbeitnehmern, insbesondere der Generation Y (zwischen 1980 und 2000 Geborene). Diese Generation fordert Erfüllung im Beruf, Teil- und Elternzeit, Homework und Weiterbildungsmöglichkeiten, anstelle von jährlichen Vorrückungen und Pensionskonten. Die Generation Y stellt die Unternehmen damit vor neue Herausforderungen, denen nachzukommen, sie irgendwie gezwungen sind, lässt

der Arbeitskräftemangel in bestimmen Bereichen den Marktwert der jungen Ypsiloner doch empfindlich steigen.

- Die **ökologische Umwelt** steht in enger Beziehung zur gesellschaftlichen und politisch-rechtlichen Umwelt. Während die gesellschaftliche Umwelt ökologische Trends auslöst, gibt die politisch-rechtliche Umwelt die Rahmenbedingungen (erlaubte Produktionsverfahren, Umweltschutzauflagen, Immissionsgrenzwerte, Lärmvorschriften etc.) vor.

Mit den Umwelten eines Unternehmens beschäftigt sich auch das St. Galler Management Modell. Es zeigt insbesondere die Wechselwirkungen mit den Elementen der Umwelten auf und unterstreicht die Bedeutung, diese auf Trends und Veränderungen hin zu analysieren. Näheres zu diesem Modell finden Sie unter Ruegg-Stürm, das St. Galler Management Modell (Ruegg-Stürm und Grand 2015).

Trends und wann sie für Sie wichtig werden könnten

„Ich muss doch nicht jeden Trend mitmachen", höre ich oft, wenn ich Unternehmer auffordere, sich ihre Umwelt näher anzusehen, um Trends zu erkennen. „Natürlich nicht", gebe ich dann zur Antwort, „aber Sie sollten wissen, welche für Sie wichtig werden könnten!" Um diese Unterscheidung treffen zu können, sollten Sie wissen, dass es zwei unterschiedliche Arten von Trends gibt: Markt- und Branchentrends. In beiden Fällen handelt es sich natürlich um etwas Neues; um eine neue Auffassung in der Gesellschaft, Wirtschaft oder Technologie, die eine neue Bewegung oder Marschrichtung auslöst. Die für Sie wichtigen Trends sind die Markttrends. Markttrends sind für Unternehmen von potenzieller Bedeutung, da entsprechende mögliche Kunden vorhanden sind, die in der Regel eine gewisse Kaufbereitschaft haben, Produkte und Leistungen, die diesen Trend erfüllen, zu kaufen. Wenn sich die heutige Jugend beispielsweise wieder mit Skate- und Longboards zeigt, dann kann ich mich als Markenanbieter von Sneaker-Schuhen (beispielsweise VANS) und dazugehörigen Modeaccessoires für diese Zielgruppe entsprechend positionieren. Experten sprechen hier von einer sogenannten Push-Strategie: Im Konsumenten ist ein latentes Bedürfnis vorhanden, das Unternehmen durch Werbung oder sonstige Verkaufsförderung zu einem Bedarf (also Nachfrage) umwandeln können.

Branchentrends werden hingegen durch eine Industrie vorangetrieben, bevor der Kunde dieses Bedürfnis überhaupt hat oder kennt. Wenn beispielsweise Unternehmen der Unterhaltungsindustrie gemeinsam einen neuen Technologiestandard setzen möchten, dann heißt das noch nicht, dass der Kunde dies dann auch kauft. Die Entwicklung der Blu-Ray Disc war zum Beispiel ein durch eine Branche getriebener Trend, den Konsumenten nur bedingt aufgriffen. Sogenannte Pull-Strategien, also Strategien, die ein Bedürfnis beim Käufer erzeugen sollen, sind meist sehr aufwändig und kostenintensiv und für KMU in der Regel nicht empfehlenswert.

Vertiefendes Wissen: Das Konzept der schwachen Signale nach Ansoff (1981)
Die zunehmende Komplexität der Wirtschaft macht eine zuverlässige Analyse der Unternehmensumwelt immer schwieriger. Zu undurchsichtig sind bestimmte Abhängigkeiten, zu zahlreich sind mögliche Einflussnehmer. Unternehmen finden sich daher immer öfter in der Situation wieder, von nicht vorhersehbaren Entwicklungen überrascht zu werden.

Eine Methode, sich bestmöglich davor zu wappnen, entwickelte Harry Igor Ansoff, ein US-amerikanischer Mathematiker und Wirtschaftswissenschafter, der auch als Begründer des Strategischen Managements gilt. Ansoff erarbeitete ein Konzept zur Früherkennung von Gefahren und Gelegenheiten, um Risiken möglichst umgehen und Chancen erkennen zu können.

Nach Ansoff sind es sogenannte Diskontinuitäten, also Richtungsänderungen oder Unstetigkeiten, die Hinweise auf potenzielle Gefahren oder Gelegenheiten geben können. Diskontinuitäten kündigen sich während eines frühen Stadiums durch sogenannte schwache Signale an, die es zu erkennen gilt. Als Quellen schwacher Signale kommen zum Beispiel in Betracht:

- Häufung gleichartiger Ereignisse mit Bezug zum Unternehmen,
- Verbreitung von bisher unbekannten Meinungen, Ideen und Stellungnahmen,
- Rechtsprechungstendenzen und Anzeichen einer Umgestaltung der in- und ausländischen Gesetzgebung.

Ansoff empfiehlt, bestimmte Beobachtungsbereiche im Unternehmen zu schaffen, die laufend kontrolliert werden. Sind Ausscherungen in diesen Beobachtungsbereichen innerhalb definierter Toleranzbereiche zu bemerken, ist Handlungsbedarf gegeben. Mögliche Beobachtungsbereiche könnten beispielsweise sein:

- generelle externe Beobachtungsbereiche (z. B. Konjunktur, Politik, Technologie),
- unternehmensindividuelle Beobachtungsbereiche (z. B. Produkte, Kunden, Konkurrenten),
- interne Beobachtungsbereiche im Hinblick auf Gefährdungen und Chancen (Produktprogramm, Mitarbeiter, maschinelle Ausrüstung),
- funktionsorientierte interne Beobachtungsbereiche (z. B. Forschung und Entwicklung, Absatz, Produktion und Beschaffung, Verwaltung).

Die Umweltanalyse – das Vorgehen
Bei der Umweltanalyse geht es also darum, das Umfeld des Unternehmens zu untersuchen, um daraus die richtigen Schlüsse für das eigene Unternehmen zu ziehen. Dabei untersuchen Sie zum einen die gegenwärtige Situation Ihres Unternehmens

in seinem Umfeld (Stehen mir gewisse Ressourcen auch in den nächsten Jahren zur Verfügung? Habe ich Schwierigkeiten, qualifizierte Mitarbeitende zu finden? Stehen rechtliche Veränderungen an, die meine Produkte ungünstig erscheinen lassen? etc.) und versuchen zum anderen zu definieren, welche Bedingungen Ihr Unternehmen in Zukunft (meist in drei bis fünf Jahren) vorfinden wird. Daraus werden Sie Trends ableiten können, die Sie im Anschluss für Ihr Unternehmen bewerten müssen: Werten Sie diese Trends als Möglichkeit oder Bedrohung für Ihr Unternehmen? Hierbei handelt es sich um die marktorientierte Sichtweise auf das Unternehmen.

Mit Hilfe des nachfolgenden Arbeitsblattes (siehe Abb. 3.2) können Sie die Umweltanalyse für Ihr Unternehmen strukturiert und rasch durchführen. Gehen Sie dazu wie folgt vor:

1. Listen Sie für die fünf Bereiche der Umweltanalyse (Politik/Recht, Wirtschaft, Technologie etc.) die für die kommenden fünf Jahre wichtigsten Trends aus Sicht Ihres Unternehmens auf.
2. Definieren Sie mit einem Kreuz in der entsprechenden Spalte, ob es sich um einen Branchen- oder Markttrend handelt. Ein Markttrend (Summe der Bedürfnisse Ihrer Kunden) ist wichtiger für Ihr Unternehmen.
3. Bewerten Sie die Trends nach ihrer positiven beziehungsweise negativen Bedeutung für Ihr Unternehmen. Handelt es sich dabei um eine Chance oder eine Gefahr für Ihr Unternehmen? Machen Sie ein Kreuz in der entsprechenden Spalte.
4. Bewerten Sie nun die Ausprägung der Chance, beziehungsweise der Gefahr hinsichtlich der Auswirkung auf Ihr Unternehmen auf einer Skala von 1 bis 5 (1 = gering, 5 = sehr groß).
5. Für all jene Chancen oder Gefahren, die Sie mit 3 oder mehr bewertet haben, definieren Sie bitte in einem Satz, welche Auswirkungen sich daraus für Ihr Unternehmen ergeben.
6. Die erarbeiteten Auswirkungen (Chancen und Gefahren) werden später in Schritt 3 (TOWS-Matrix) den Stärken und Schwächen gegenübergestellt, um dann die strategischen Stoßrichtungen daraus zu erarbeiten.

ARBEITSBLATT 2
UMWELTANALYSE (SCHRITT 2)

URSFREY
SPEAKER & BUSINESS EXPERT

DATUM: 14.02.16 VERSION: 1

Umwelt Bereich	Kriterien (Kurzbeschreibung)	Trend: Markt	Trend: Branche	Einschätzung: Gefahr	Einschätzung: Chance	Bewertung: 1	2	3	4	5	Auswirkung auf mein Unternehmen – Beschreiben Sie die konkreten Auswirkungen von Trends ab Bewertung 3 und **mehr** für Ihr Unternehmen
A. Politik/Recht											
1	Zunehmende Regulierungsdichte durch neue Gesetze		X	✖			✖				
2	Freihandelsabkommen mit unseren Zielmärkten wird abgeschlossen		X		✖			✖			Wir müssen frühzeitig mit Handelspartner oder Agenten vor Ort sein
3	Administrationsaufwand für Zollabfertigung steigt		X	✖			✖				
4	Verlagerung der Produktion unserer Kunden nach Asien	X		✖					✖		Thematik in die Jahresgespräche mit Zielkunden aufnehmen
B. Wirtschaft											
1	Der Konzentrationsprozess durch Fusionen hält an		X	✖			✖				
2	Währungsturbulenzen erschweren Exporte		X	✖					✖		Absicherung durch Währungsklausel und vermehrter Einkauf im Ausland
3	Wirtschaftslage verunsichert unsere Kunden in Russland	X		✖				✖			Alternative Zielmärkte festlegen und aufbauen
C. Technologie											
1	Digitalisierung verlangt eine stärkere Kundenbindung		X		✖			✖			Digitalisierungstrategie bis Ende 2016 erarbeiten und umsetzen
2	Industrie 4.0 eröffnet neue Möglichkeiten zur Vorwärtsintegration		X		✖				✖		Partner für Industrie 4.0-Projekt suchen und auswählen
3	Hohe Flexibilität dank eigener Wertschöpfungstiefe	X			✖				✖		Reaktionszeit und Schnelligkeit unserer Produktion besser vermarkten
D. Gesellschaft											
1	Migrationsströme aus den Kriegsgebieten		X	✖			✖				
2	Kunden erwarten besseren After-Sales Service	X			✖				✖		Gezielter Aufbau einer After-Sales Abteilung prüfen
3	Kundschaft will sich mit App's über unser Angebot informieren	X			✖		✖				
E. Ökologie											
1	Nachhaltige Ressourcennutzung hat oberste Priorität		X		✖		✖				
2	Grenzwerte für Schadstoffemissionen werden deutlich verschärft		X	✖					✖		Neue Filteranlagen prüfen, notfalls Verlagerung der Produktion ins Ausland

Abb. 3.2 Arbeitsblatt 2 – Umweltanalyse (Schritt 2). (Eigene Darstellung)

Tipps

- ✓ Achten Sie darauf, dass Sie Ihre Umwelt ganzheitlich betrachten. Versuchen Sie dabei zu beantworten, welche Auswirkung die identifizierten Trends für Ihr Unternehmen haben könnten, was das für Ihre Stellung in der Branche bedeuten könnte oder ob und wie Ihre wichtigsten Konkurrenten durch diese Trends beeinflusst werden könnten!
- ✓ Auf den zweiten Blick können Trends, die Sie zuerst als nicht relevant einstuften, maßgeblich für Ihr Unternehmen sein (siehe Abschn. 4.4).
- ✓ Unterschätzen Sie auch hier das vertrauensbildende Element dieser Analyse nicht. Den Kopf in den Sand zu stecken und sich nicht darum zu kümmern, was im Umfeld des Unternehmens passiert, kann zwar eine Zeit lang gut gehen, vermittelt aber keine Sicherheit oder gar Vertrauen. Haben Sie und Ihre Mitarbeiter hingegen das Gefühl, zu wissen, was da draußen los ist, und die Fähigkeit, sich frühzeitig gegen mögliche Richtungsänderungen wappnen zu können, verringert das nicht nur Ihr unternehmerisches Risiko, es schenkt Ihnen auch Vertrauen – Vertrauen in Ihre Analysefähigkeit, in Ihre unternehmerische Professionalität und Ihr strategisches Geschick. Dieses Vertrauen wird Ihnen als Unternehmensleiter ebenso gut tun wie Ihren Mitarbeitern!

3.3 Schritt 3: Konkurrenz- und Wettbewerbsanalyse

Nachdem Sie nun bereits Ihre Stärken und Schwächen erkannt und mögliche Chancen und Risiken identifiziert haben, sollten Sie in diesem Schritt Ihre ganze Aufmerksamkeit Ihrer Konkurrenz beziehungsweise Ihrer Branche widmen. Denn nur die genaue Kenntnis der Konkurrenz- und Branchensituation bewahrt Sie davor, hart erarbeitete Marktanteile zu verlieren, wichtige Partner an die Konkurrenz abzutreten oder von neuen Anbietern überrascht zu werden.

Für eine umfangreiche Analyse der Wettbewerbssituation sind eine Konkurrenzanalyse und eine Analyse Ihrer Positionierung notwendig. Erstere konzentriert sich auf die wichtigsten direkten Konkurrenten und versucht, sowohl Orientierung für die eigene Strategie als auch Lern- und Wettbewerbspotenziale für das Unternehmen zu entdecken. Eine Wettbewerbsanalyse untersucht hingegen mehr die Situation innerhalb Ihrer gesamten Branche und hat zum Ziel, eine gewinnbringende Positionierung für Ihr Unternehmen zu identifizieren.

Als Familien- oder Kleinunternehmen haben Sie womöglich wenig Einfluss auf Ihre Branche. In diesem Falle ist es für Sie ausreichend, die Konkurrenzanalyse zu machen. Handelt es sich bei Ihrem Unternehmen um einen Betrieb mit 100 Mitarbeitern oder mehr, empfehle ich Ihnen, Ihre Branche genauer zu analysieren. Im Unterschied zu Kleinunternehmen ist es Ihnen nämlich möglich, Ihre Branche mitzugestalten!

Konkurrenzanalyse
Bei der Konkurrenzanalyse sammeln Sie in einem ersten Schritt Informationen über Ihre Konkurrenten, die Sie dann aufbereiten und auswerten. Die Ergebnisse Ihrer Konkurrenzanalyse (z. B. relative Stärken der einzelnen Wettbewerber, der sogenannte Konkurrenzvorteil etc.) sind dann insbesondere für Ihre Unternehmensstrategie relevant.

► **Eine Konkurrenzanalyse**

- hilft Ihnen, Ihre Konkurrenten besser kennenzulernen und damit auch besser einschätzen zu können.
- unterstützt Sie dabei, die Stärken und Schwächen Ihrer Konkurrenten aufzuzeigen, um die eigene Strategie entsprechend ausrichten zu können.
- zeigt Lernchancen in den Stärken Ihrer Konkurrenten und Potenziale in den Schwächen Ihrer Konkurrenten auf.
- wirkt vertrauensfördernd für potenzielle Investoren, da es ihnen hilft, die Erfolgswahrscheinlichkeit Ihres Unternehmens besser einschätzen zu können.

Es ist zielführend und erfolgversprechend, wenn man als Unternehmen nicht auf Gedeih und Verderb, mit großem Zeitaufwand und hohem Ressourcenbedarf versucht, absolute Konkurrenzvorteile in Form von einzigartigen Leistungs- und Produkteigenschaften zu entwickeln. Vielmehr kann Ihr Unternehmen von den bereits getätigten Arbeiten der Konkurrenz profitieren. Sie können beispielsweise Risiken wie fehlende Akzeptanz einer Lösung beim Kunden ausschließen, wenn Ihre Konkurrenz dieses Produkt oder diese Zusatzleistung bereits erfolgreich verkauft.

Eine Strategie, die sich diese Erkenntnisse aus der Konkurrenzanalyse zunutze macht, ist die sogenannte Imitationsstrategie, die gezielt Stärken im Leistungsangebot von Konkurrenten für das eigene Unternehmen nutzt. Man kann dabei oft

ARBEITSBLATT 3.1

URSFREY
SPEAKER & BUSINESS EXPERT

KONKURRENZANALYSE (SCHRITT 3)

DATUM: 14.02.16 VERSION: 1

Hinweis: Verwenden Sie für die Bewertung eine 10er Skala, wobei 1 = hoch und 10 = gering bedeutet.

Teil 1: Vergleich des Leistungs- und Produktangebots

Nr.	Faktor	Eigenes Unternehmen	Konkurrent 1	Konkurrent 2	Konkurrent 3	Durchschnitt Konkurrenz	Nr.	Faktor	Eigenes Unternehmen	Konkurrent 1	Konkurrent 2	Konkurrent 3	Durchschnitt Konkurrenz
1	Qualität	2	4	4	2	3,3	6	Kundennutzen	3	5	6	2	4,3
2	Preis/Leistung	2	5	6	1	4,0	7	Benutzerfreundlichkeit	4	4	6	1	3,6
3	Design	7	6	5	3	4,6	8	Serviceleistungen	6	7	8	4	6,3
4	Markenimage	6	5	6	3	4,6							
5	Markentreue	5	5	7	2	4,6							

Teil 2: Konkurrenzvergleich

Nr.	Faktor	Eigenes Unternehmen	Konkurrent 1	Konkurrent 2	Konkurrent 3	Durchschnitt Konkurrenz
Markt						
1	Marktmacht	3	4	5	2	3,6
2	Marktanteil	5	6	7	2	5,0
3	Unternehmensgrösse	7	5	4	4	4,3
Strategie						
1	Klare Strategie	8	3	6	2	3,6
2	Wettbewerbsvorteile (USP)	5	6	4	3	4,3
Marketing						
1	Unternehmensimage	4	5	6	3	4,6
2	Bekanntheitsgrad	7	5	4	2	3,6
3	Vertriebsteam	3	4	4	2	3,3
4	Kundenbindung	5	5	7	2	4,6
5	Kundenzufriedenheit	4	5	5	2	4,0
6	verfügbares Marketingbudget	8	4	3	1	2,6
Organisation						
1	Führungsteam	3	4	5	3	4,0
2	Mitarbeiter	2	3	6	2	3,6
3	Flexibilität	3	6	7	2	5,0
4	Ablauforganisation	5	4	7	3	4,6
Finanzen						
1	Umsatz	6	4	3	2	3,0
2	Rendite	3	4	5	3	4,0
3	Finanzielle Stärke	7	4	5	3	4,0
4	Bruttogewinnmarge	4	5	6	3	4,6
5	Verschuldung	7	5	6	8	6,3

Abb. 3.3 Arbeitsblatt 3.1 – Konkurrenzanalyse (Schritt 3). (Eigene Darstellung)

Als Familien- oder Kleinunternehmen haben Sie womöglich wenig Einfluss auf Ihre Branche. In diesem Falle ist es für Sie ausreichend, die Konkurrenzanalyse zu machen. Handelt es sich bei Ihrem Unternehmen um einen Betrieb mit 100 Mitarbeitern oder mehr, empfehle ich Ihnen, Ihre Branche genauer zu analysieren. Im Unterschied zu Kleinunternehmen ist es Ihnen nämlich möglich, Ihre Branche mitzugestalten!

Konkurrenzanalyse

Bei der Konkurrenzanalyse sammeln Sie in einem ersten Schritt Informationen über Ihre Konkurrenten, die Sie dann aufbereiten und auswerten. Die Ergebnisse Ihrer Konkurrenzanalyse (z. B. relative Stärken der einzelnen Wettbewerber, der sogenannte Konkurrenzvorteil etc.) sind dann insbesondere für Ihre Unternehmensstrategie relevant.

► **Eine Konkurrenzanalyse**

- hilft Ihnen, Ihre Konkurrenten besser kennenzulernen und damit auch besser einschätzen zu können.
- unterstützt Sie dabei, die Stärken und Schwächen Ihrer Konkurrenten aufzuzeigen, um die eigene Strategie entsprechend ausrichten zu können.
- zeigt Lernchancen in den Stärken Ihrer Konkurrenten und Potenziale in den Schwächen Ihrer Konkurrenten auf.
- wirkt vertrauensfördernd für potenzielle Investoren, da es ihnen hilft, die Erfolgswahrscheinlichkeit Ihres Unternehmens besser einschätzen zu können.

Es ist zielführend und erfolgversprechend, wenn man als Unternehmen nicht auf Gedeih und Verderb, mit großem Zeitaufwand und hohem Ressourcenbedarf versucht, absolute Konkurrenzvorteile in Form von einzigartigen Leistungs- und Produkteigenschaften zu entwickeln. Vielmehr kann Ihr Unternehmen von den bereits getätigten Arbeiten der Konkurrenz profitieren. Sie können beispielsweise Risiken wie fehlende Akzeptanz einer Lösung beim Kunden ausschließen, wenn Ihre Konkurrenz dieses Produkt oder diese Zusatzleistung bereits erfolgreich verkauft.

Eine Strategie, die sich diese Erkenntnisse aus der Konkurrenzanalyse zunutze macht, ist die sogenannte Imitationsstrategie, die gezielt Stärken im Leistungsangebot von Konkurrenten für das eigene Unternehmen nutzt. Man kann dabei oft hohe zeitliche und finanzielle Entwicklungskosten einsparen. Logischerweise sind die geschützten und gesetzlich garantierten Rechte (wie Patente, Urheberrechte etc.) einzuhalten, genauso wie ein fairer Umgang mit der Konkurrenz zu wahren ist.

Bei der Konkurrenzanalyse ist es wichtig, Ihre Konkurrenten nicht nur quantitativ zu beschreiben (z. B. Marktanteil, Jahresumsatz) sondern auch qualitativ zu bewerten. Die Fähigkeiten der Konkurrenz stehen dabei im Zentrum. Was können die Konkurrenten besonders gut? Worin sind sie besser als Sie? Wo liegen die Schwächen der Konkurrenten, die es unter Umständen auszunützen gilt? Daraus resultieren Orientierungspunkte für die eigene Marktpositionierung. Es lassen sich mögliche Strategien ableiten oder die bestehende Strategie auf ihre Wirkung überprüfen. Ziel der Konkurrenzanalyse ist es weiter, von den Besseren zu lernen und aus den Schwächen der Konkurrenten eigene Stärken abzuleiten. Es geht darum, sich eine bewusste Positionierung auf einem interessanten Markt auszusuchen, nicht die harte Wettbewerbskonfrontation zu suchen, sondern vielmehr kluge Kooperationsmöglichkeiten zu identifizieren.

Wie identifizieren Sie Ihre Hauptkonkurrenten?
Mitbewerber sind dann als Konkurrenz für Ihr eigenes Unternehmen zu bewerten, wenn sie sich durch eines oder sogar mehrere der nachfolgenden Merkmale auszeichnen:

- Angebot von denselben oder ähnlichen Leistungen und Produkten,
- hoher (relativer) Marktanteil oder hohes Umsatzwachstum innerhalb der Branche,
- ähnliche Zielkunden oder sogar dieselben Kunden,
- aggressive Wettbewerbshaltung gegenüber Ihrem Unternehmen,
- Teilnahme an den gleichen Ausschreibungen, Angebotsverfahren.

Konnten Sie Ihre Hauptkonkurrenten anhand dieser Kriterien entdecken, wäre es in einem weiteren Schritt sinnvoll, diese hinsichtlich ihres Marktes zu untersuchen. Welchen Markt beackern diese Konkurrenten? Handelt es sich dabei auch um Ihren Zielmarkt? Gibt es hier Überschneidungen, zählen diese zu Ihren wichtigsten direkten Konkurrenten.

Um die für die Konkurrenzanalyse drei wichtigsten Konkurrenten oder Konkurrentenklassen (Gruppen von Konkurrenten) ausfindig zu machen, sind die Konkurrenten nun noch hinsichtlich ihres Marktanteiles zu bewerten. Können Sie hier auf keine Zahlen zurückgreifen, schätzen Sie die Marktanteile Ihrer Konkurrenten einfach. Sie haben ganz sicher ein gutes Gefühl für Ihre Branche! Jene drei, die die größten Marktanteile aufweisen können, sind Ihre drei Hauptkonkurrenten, die Sie mit Hilfe der Konkurrenzanalyse näher untersuchen sollten.

Konkurrenzanalyse – das Vorgehen

Versuchen Sie nun, zuerst einen Vergleich des Leistungs- und Produktangebots zwischen Ihrem Unternehmen und den drei identifizierten Hauptkonkurrenten(klassen) zu machen. Nehmen Sie sich dafür das Arbeitsblatt 3.1 zur Hilfe (siehe Abb. 3.3).

1. Bewerten Sie dabei Ihr Angebot im Vergleich zu den drei Hauptkonkurrenten(klassen) auf einer 10er-Skala, wobei 1 = hoch, den besten Wert, und 10 = gering; den schlechtesten Wert, darstellt.
2. Versuchen Sie nun weiter, in einem vertieften Konkurrenzvergleich Ihr Unternehmen im Verhältnis zu Ihren drei Hauptkonkurrenten(klassen) anhand der fünf Bereiche (Markt, Strategie, Marketing etc.) und der vordefinierten Punkte (Marktmacht, Marktanteil etc.) einzuschätzen. Sie können bei Bedarf noch einen weiteren Faktor bei jedem Punkt hinzufügen.
3. Auch hier bewerten Sie anschließend Ihr Unternehmen im Vergleich zu den drei Hauptkonkurrenten(klassen) auf einer 10er-Skala, wobei 1 = hoch; den besten Wert, und 10 = gering; den schlechtesten Wert, darstellt.

Anhand der angekreuzten Felder erkennen Sie nun relativ schnell jene Faktoren, die Ihr Unternehmen am Markt auszeichnen, nämlich jene Bereiche, in denen Ihr Unternehmen den Wert 1 deutlicher schafft als Ihre Konkurrenz. Diesen Bereichen sollten Sie Ihr Vertrauen schenken! Darin liegt Ihr Potenzial und hier sollten Sie auch in Ihrer Kommunikation ansetzen, um Ihren Kunden diese Vorteile in geeigneter Art und Weise zu vermitteln.

Dort, wo jedoch Ihre Konkurrenten besser sind (d. h. deren Werte näher bei 1 sind), sollten Sie klären, inwiefern diese Faktoren für die Kaufentscheidungen der Kunden relevant sind. Falls diese kaufentscheidend sind, gilt es hier zu investieren – sowohl Ressourcen als auch Kapazitäten, um diese Differenz zu Ihren Konkurrenten gezielt zu verringern.

Bei jenen Faktoren, bei denen Sie und Ihre Konkurrenz identische Werte aufweisen, bestehen für Ihre Kunden keine Unterscheidungsmerkmale, d. h. der Kunde kann nicht zwischen Ihnen und der Konkurrenz unterscheiden und wird demnach versucht sein, den Preis als Entscheidungskriterium heranzuziehen, was für ein KMU in der Regel ungünstig ist. Meine Empfehlung ist es, keine unnütze Energie in diese Faktoren zu investieren.

ARBEITSBLATT 3.1

URSFREY
SPEAKER & BUSINESS EXPERT

KONKURRENZANALYSE (SCHRITT 3)

DATUM: 14.02.16 VERSION: 1

Hinweis: Verwenden Sie für die Bewertung eine 10er Skala, wobei 1 = hoch und 10 = gering bedeutet.

Teil 1: Vergleich des Leistungs- und Produktangebots

Nr.	Faktor	Eigenes Unternehmen	Konkurrent 1	Konkurrent 2	Konkurrent 3	Durchschnitt Konkurrenz	Nr.	Faktor	Eigenes Unternehmen	Konkurrent 1	Konkurrent 2	Konkurrent 3	Durchschnitt Konkurrenz
1	Qualität	2	4	4	2	3,3	6	Kundennutzen	3	5	6	2	4,3
2	Preis/Leistung	2	5	6	1	4,0	7	Benutzerfreundlichkeit	4	4	6	1	3,6
3	Design	7	6	5	3	4,6	8	Serviceleistungen	6	7	8	4	6,3
4	Markenimage	6	5	6	3	4,6							
5	Markentreue	5	5	7	2	4,6							

Teil 2: Konkurrenzvergleich

Markt						
1	Marktmacht	3	4	5	2	3,6
2	Marktanteil	5	6	7	2	5,0
3	Unternehmensgrösse	7	5	4	4	4,3
Strategie						
1	Klare Strategie	8	3	6	2	3,6
2	Wettbewerbsvorteile (USP)	5	6	4	3	4,3
Marketing						
1	Unternehmensimage	4	5	6	3	4,6
2	Bekanntheitsgrad	7	5	4	2	3,6
3	Vertriebsteam	3	4	4	2	3,3
4	Kundenbindung	5	5	7	2	4,6
5	Kundenzufriedenheit	4	5	5	2	4,0
6	verfügbares Marketingbudget	8	4	3	1	2,6
Organisation						
1	Führungsteam	3	4	5	3	4,0
2	Mitarbeiter	2	3	6	2	3,6
3	Flexibilität	3	6	7	2	5,0
4	Ablauforganisation	5	4	7	3	4,6
Finanzen						
1	Umsatz	6	4	3	2	3,0
2	Rendite	3	4	5	3	4,0
3	Finanzielle Stärke	7	4	5	3	4,0
4	Bruttogewinnmarge	4	5	6	3	4,6
5	Verschuldung	7	5	6	8	6,3

Abb. 3.3 Arbeitsblatt 3.1 – Konkurrenzanalyse (Schritt 3). (Eigene Darstellung)

Tipps

- ✓ Nutzen Sie die Ergebnisse der Konkurrenzanalyse, um eine eigenständige „strategische Kontur“ (vgl. dazu Abschn. 4.3) zu erhalten, denn nur so werden Sie aus Sicht Ihrer Kunden einzigartig.
- ✓ Weiter erhalten Sie anhand jener Faktoren, bei denen Sie sich deutlich (positiv) von Ihren Konkurrenten abheben, auch wertvolle Hinweise für Ihre strategischen Erfolgspositionen (vgl. dazu die Ausführungen in Schritt 6).
- ✓ Falls Sie noch nicht über die notwendigen Informationen über Ihre Konkurrenten verfügen, beginnen Sie nun damit, diese systematisch zu sammeln. Legen Sie beispielsweise über das Jahr hinweg alle Informationen über einen Konkurrenten in einen Ordner ab und bereiten Sie diese Information dann für die jährliche Strategiesitzung auf. So erhalten sie oftmals wertvollere und aktuellere Daten, als wenn Sie sich diese teuer beschaffen müssen oder umständlich in kurzer Zeit in Erfahrungen bringen sollten.
- ✓ Weiter können Ihnen hier auch Studierende helfen, die beispielsweise im Rahmen von Studien- beziehungsweise Diplomarbeiten Markt- und Konkurrenzanalysen durchführen können.
- ✓ Binden Sie auch hier Ihre Mitarbeiter aktiv ein. Erheben Sie sie in den Expertenstatus, indem Sie Ihnen zutrauen, Sie bei der Markt- und Konkurrenzanalyse zu unterstützen oder sie ganz und gar selbständig zu machen. Ihr Vertrauensvorschuss wird sich bezahlt machen und Ihre Mitarbeiter in die Pflicht nehmen!

Wettbewerbsanalyse – seine Position ausloten

Für eine ganzheitliche Betrachtung der Umwelten eines Unternehmens ist es notwendig, die jeweilige Branche genauer zu untersuchen. Ich stütze meine Aussage hier auf die Untersuchungen von Michael Porter, dem großen amerikanischen Ökonomen, der seit vielen Jahren federführend auf dem Gebiet von Wettbewerbsstrategien tätig ist. Laut Porter legen die fünf Wettbewerbskräfte (als Hauptmerkmale einer Branche) das Verhalten (d. h. die Strategie) der Unternehmen und somit ihre Erfolgsposition weitgehend fest (Porter 2013).

► **Eine Wettbewerbsanalyse hilft Ihnen**

- Ihre Unternehmensstrategie so auszurichten, um die für Ihr Unternehmen höchstmögliche Rentabilität zu erreichen.
- zu verstehen, ob eine Branche attraktiv genug ist, um neu einzusteigen oder auch in den folgenden Jahren entsprechende Ressourcen zu investieren.
- unter Umständen auch zu erkennen, dass die Branche kaum mehr eine echte Attraktivität aufweist. Auch dies kann eine strategische Erkenntnis darstellen.
- die Möglichkeit zu erkennen, die Regeln des Wettbewerbs zugunsten Ihres eigenen Unternehmens gezielt ändern zu können, wenn einzelne Faktoren sich zugunsten Ihres Unternehmens innerhalb einer Branche verändern.

Zentrale Bestimmungsgröße für die Rentabilität und damit den Erfolg eines Unternehmens ist nach Porter die Attraktivität einer Branche. In jeder Branche, sei sie lokal oder international orientiert und völlig unabhängig von ihrer Produkt- oder Servicepalette, bestimmen die geltenden Wettbewerbsregeln diese Attraktivität.

Im Wesentlichen geht es darum, sich für den Markteintritt zu entscheiden, d. h. die Frage zu beantworten, ob der Markt überhaupt attraktiv genug für einen Einstieg oder ob die Branche extrem stark umkämpft ist. Eine geeignete Markteintrittsstrategie, wie zum Beispiel Differenzierung durch Qualitätsführerschaft, oder eine effizienzgetriebene Kostenführerschaft können gemäß Porter helfen, den Markteintritt erfolgreich zu bewältigen. Die meisten KMU wählen eine Nischenstrategie, um erfolgreich zu sein.

Diese Regeln unterliegen den fünf Wettbewerbskräften nach Porter (2013):

- Bedrohung durch neue Wettbewerber: Welche Markteintrittsbarrieren könnten sich für Newcomer als nur schwer überbrückbar erweisen?
- Bedrohung durch Ersatzprodukte: Ist die Marktposition durch Ersatzprodukte gefährdet?
- Verhandlungsstärke der Lieferanten: Wie verhält sich dies im Hinblick auf die Lieferanten?
- Verhandlungsstärke der Kunden: Handelt es sich um wenige Großkunden oder um eine breite Käuferschicht?
- Wettbewerbsintensität: Wie stark ist der Wettbewerb in der Branche?

Ziel einer erfolgreichen Wettbewerbsstrategie muss es demnach sein, die bestehenden Regeln zugunsten seines Unternehmens zu verändern. Dies kann beispielsweise durch ein innovatives Geschäftsmodell, welches neu in der Branche ist, erfolgen, wie zum Beispiel AirBnB dies für Städtereisen als Alternativangebot zu Hotelzimmern anbietet.

Vertiefendes Wissen: Die fünf Wettbewerbskräfte nach Porter (2013)

- **Bedrohung durch neue Wettbewerber.** Potenzielle Wettbewerber werden die Chancen und Risiken eines Markteintritts prüfen. Wichtige Determinanten für ihre Einschätzung sind beispielsweise die Anzahl sehr ähnlicher Wettbewerber oder das generelle Branchenwachstum. Entscheidend für einen möglichen Markteintritt beziehungsweise die Positionierung ist auch die Art und Weise der Differenzierung der bestehenden Wettbewerber. Erfolgt die Differenzierung über die Qualität oder über den Preis? Ist eine Differenzierung über den Preis gegeben, ist ein Markteintritt sehr kritisch zu hinterfragen, da es für KMU in der Regel sehr schwierig ist, sich über den Preis zu differenzieren. Ebenfalls relevant sind eventuell anfallende Fixkosten beim Markteintritt. Bedarf es hoher Investitionen, bevor überhaupt etwas verkauft werden kann?
- **Bedrohung durch Ersatzprodukte oder -dienste.** Die Branchenattraktivität sinkt, wenn die Bedrohung durch Ersatzprodukte oder -dienste hoch ist. Diese Bedrohung steigt, wenn Ersatzprodukte ein besseres Preis-Leistungs-Verhältnis aufweisen können, eine hohe Substitutionsneigung der Kunden gegeben ist, offensives Marketing für Ersatzprodukte oder -dienstleistungen betrieben wird oder mit einem Technologiesprung in der nahen Zukunft zu rechnen ist. Dem gegenüber stehen Abwehrmöglichkeiten, wie zum Beispiel Standards oder Zertifizierungen, die eine generelle Substitution zwar nicht ausschließen, wohl aber einen nachvollziehbaren Qualitätsunterschied für den Kunden bieten.
- **Verhandlungsstärke der Lieferanten.** Die Attraktivität eines Marktes ist umso geringer, je stärker die Lieferanten die Einkaufspreise beeinflussen können. Wichtige Faktoren hierbei sind: die Anzahl der potenziellen Lieferanten, Bedeutung des Produkts für das Endprodukt oder die Kundenleistung, die Umstellungskosten bei einem Lieferantenwechsel beziehungsweise die Gefahr der Vorwärtsintegration (Lieferant beginnt, Produkt oder Dienstleistung selbst herzustellen).
- **Verhandlungsstärke der Kunden.** Die Branchenattraktivität ist umso geringer, je höher die Verhandlungsmacht der Kunden ist. Die Marktmacht der Kunden steigt, sobald standardisierte oder austauschbare Produkte oder andere Anbieter vorhanden sind, eine hohe Kosten- und Markttransparenz herrscht, die Umstellungskosten und Risiken bei einem Produktwechsel gering sind und die Konzentration der Kunden gering ist.
- **Wettbewerbsintensität.** Die Attraktivität des Marktes nimmt ab, wenn die Rivalität unter den vorhandenen Wettbewerbern hoch ist. Die Wettbewerbsintensität ist hoch, wenn Größenvorteile oder größenunabhängige Kostenvorteile wie Patente, Standortvorteile etc. die Wettbewerbssituation kaum beeinflussen, wenig Käuferloyalität vorhanden ist, weil zum Beispiel die Umstellungskosten für den Käufer gering sind, der Kapitalbedarf für den Markteintritt gering ist und Vertriebskanäle preiswert sind.

Die fünf Wettbewerbskräfte implizieren auch, dass aus einem Lieferanten, der vorwärts integriert (und damit die Endprodukte künftig selbst fertigt), ein ebenso gefürchteter Konkurrent werden kann wie aus einem Käufer, der sich zur Rückwärtsintegration (stellt fortan ebenfalls selbst her) entscheidet.

Wettbewerbsanalyse – das Vorgehen
Versuchen Sie zuerst, eine aktuelle Einschätzung der Attraktivität Ihrer Branche zu erhalten. Bewerten Sie die in Arbeitsblatt 3.2 dargestellten Punkte anhand Ihrer Erfahrungen aus der Vergangenheit (siehe Abb. 3.4).

1. Bewerten Sie die Punkte anhand der vorgegebenen Werte beim jeweiligen Punkt (z. B. viele – keine). Damit erhalten Sie automatisch Rückschlüsse in Bezug auf die aktuelle Branchenattraktivität.
2. Versuchen Sie daraufhin, eine Einschätzung der zukünftigen Attraktivität Ihrer Branche zu erhalten. Gehen Sie wie unter Punkt 1 erläutert vor, versuchen Sie allerdings jetzt die Zukunft Ihrer Branche (für die nächsten drei bis fünf Jahre) und nicht die gegenwärtige Situation darzustellen.

Auch hier erkennen Sie relativ schnell anhand der Einschätzung der Zukunft Ihrer Branche, wie es um diese aussieht und wo Sie entsprechende Ansatzpunkte (einzelne Wettbewerbskräfte) vorfinden, die Sie unter Umständen für sich nutzen könnten. Wenn beispielsweise sowohl die Käuferloyalität als auch die Umstellungskosten für den Käufer hoch sind, ist dies für Sie durchaus von Vorteil, wenn Sie bereits in dieser Branche gute Produkte anbieten und entsprechende Kunden haben. Ist dies nicht der Fall, werden Sie es äußerst schwer haben, in diese Branche erfolgreich mit einem „MeToo-Produkteangebot" einzutreten.

Tipps

- ✓ Versuchen Sie sich mit dem Arbeitsblatt 3.2 Wettbewerbsanalyse einen guten Überblick über die aktuellen und zukünftigen Spielregeln und bestimmenden Wettbewerbskräfte innerhalb Ihrer Branche zu verschaffen. Nur so können Sie später gewählte Strategien hinsichtlich Ihrer Wirkung in der Branche besser einschätzen.
- ✓ Wenn Sie die Wettbewerbsanalyse über einen größeren Zeitraum, beispielsweise alle drei bis fünf Jahre, einmal vertieft machen, werden Sie die Branchenentwicklung gut nachvollziehbar für Dritte (wie z. B. Investoren, Banken etc.) aufzeigen können.

ARBEITSBLATT 3.2
WETTBEWERBSANALYSE (SCHRITT 3)

URSFREY
SPEAKER & BUSINESS EXPERT

DATUM: 14.02.16 VERSION: 1

		aktuell							zukünftig						
Nr.	Wettbewerbskräfte	Merkmale	sehr unattraktiv	mässig unattraktiv	neutral	mässig attraktiv	sehr attraktiv	Merkmale	Merkmale	sehr unattraktiv	mässig unattraktiv	neutral	mässig attraktiv	sehr attraktiv	Merkmale
1	Bedrohung durch neue Wettbewerber														
	Ähnliche Wettbewerber	viele		X				keine	viele		X				keine
	Branchenwachstum	hoch			X			schwach	hoch			X			schwach
	Umfang der notwendigen Fixkosten, um in den Markt einzusteigen	hoch			X			tief	hoch				X		tief
	Differenzierung erfolgt über	Preis				X		Qualität	Preis					X	Qualität
2	Bedrohung durch Ersatzprodukte oder - dienste														
	Reale oder potentielle attraktive Ersatzprodukte	vorhanden			X			nicht vorhanden	vorhanden		X				nicht vorhanden
	Marketing für Ersatzprodukte und Ersatzdienstleistungen	offensiv				X		nicht vorhanden	offensiv	X					nicht vorhanden
	Abwehrmöglichkeiten bspw. durch Standards	vorhanden				X		nicht vorhanden	vorhanden					X	nicht vorhanden
	Technologiesprung	in weiter Ferne			X			steht bevor	in weiter Ferne				X		steht bevor
3	Verhandlungsstärke der Lieferanten														
	Vorteile des gelieferten Produkts	gross		X				gering	gross		X				gering
	Zahl der potentiellen Lieferanten	gering			X			gross	gering				X		gross
	Bedeutung des Produkts für die Qualität der Kundenleistung	gross			X			marginal	gross		X				marginal
	Umstellungskosten beim Wechsel der Lieferanten	hoch	X					gering	hoch	X					gering
	Bedeutung des Kunden für den Lieferanten	gering			X			gross	gering	X					gross
	Interesse an einer Vorwärtsintegration	ausgeprägt				X		nicht vorhanden	ausgeprägt			X			nicht vorhanden
4	Verhandlungsstärke der Kunden														
	Marktmacht der Kunden	gross		X				gering	gross	X					gering
	Standardisierte, austauschbare Produkte bzw. Anbieter	vorhanden			X			nicht vorhanden	vorhanden		X				nicht vorhanden
	hohe Kosten- & Markttransparenz	vorhanden			X			nicht vorhanden	vorhanden		X				nicht vorhanden
	Konzentration der Kunden	hoch			X			gering	hoch		X				gering
	Umstellungskosten und Risiken bei Wechsel	gering			X			hoch	gering				X		hoch
5	Wettbewerbsintensität														
	Größenvorteile (Economie of Scale)	vorhanden				X		nicht vorhanden	vorhanden			X			nicht vorhanden
	Käuferloyalität	hoch		X				gering	hoch				X		gering
	Kapitalbedarf für einen Markteintritt	hoch		X				gering	hoch		X				gering
	Umstellungskosten für den Käufer	hoch			X			gering	hoch			X			gering
	Vertriebskanäle	teuer		X				preiswert	teuer				X		preiswert
	Größenunabhängige Kostenvorteile (Patente, Standort, etc.)	vorhanden			X			nicht vorhanden	vorhanden				X		nicht vorhanden

Abb. 3.4 Arbeitsblatt 3.2 – Wettbewerbsanalyse (Schritt 3). (Eigene Darstellung)

✓ Ihr selbstbewusstes Auftreten innerhalb Ihrer Konkurrenz und Branche ist gefragt! Das spüren Ihre Konkurrenten in gleichem Maße wie Ihre Kunden. Die Auseinandersetzung mit Ihrem Unternehmen, Ihrer Umwelt und Ihren Konkurrenten (Schritt 1 bis 3) verhilft Ihnen zum notwendigen Wissen und Ihre Expertise und Erfahrung, gepaart mit dem Austausch mit Ihrem Strategieteam, lässt Sie die richtigen Entscheidungen treffen. Auf diese Professionalität können Sie vertrauen und diese sollten Sie auch Ihren Kunden und Konkurrenten zeigen!

3.4 Schritt 4: Die TOWS-Matrix (strategische Stoßrichtungen)

Willkommen zu Schritt 4! Dieser Schritt wird Sie begeistern! Hier fügen sich die Dinge wie Puzzleteile zusammen. Hier ernten Sie die Früchte Ihrer bisherigen Analysearbeit. Hier sind Sie nun erstmals so weit, eine konkrete Idee davon zu bekommen, wohin Ihre Unternehmensreise gehen soll. Und das nicht auf Basis Ihres Bauchgefühls, sondern auf Basis bisher erhobener Daten! Mit der TOWS-Matrix können Sie die Ergebnisse Ihrer Unternehmens- und Umweltanalyse zusammenführen und strategische Stoßrichtungen für Ihr Unternehmen entdecken.

► **Die TOWS-Matrix hilft Ihnen**

- eine Strategie zu formulieren, die Ihre Stärken und Chancen maximiert und gleichzeitig Ihre Schwächen und Gefahren minimiert.
- die Unternehmenssicht (Ihre Stärken und Schwächen) mit der umweltbezogenen Perspektive (Chancen und Gefahren) zusammenzuführen und daraus einfache, analytisch abgeleitete Strategien für Ihr Unternehmen zu entwickeln.
- einfache strategische Stoßrichtungen zu identifizieren.

Threats, Opportunities, Weaknesses and Strengths (TOWS)
Die TOWS-Matrix ist ein Management-Tool, mit dem die Gefahren (Threats) und Chancen (Opportunities) aus der Umweltanalyse den Schwächen (Weaknesses) und Stärken (Strengths) aus der Unternehmensanalyse gegenübergestellt werden können (siehe Abb. 3.5). Damit verbinden Sie die umweltbezogene mit der unternehmensinternen Perspektive und sind nun in der Lage, fundiert strategische

Abb. 3.5 Die TOWS-Matrix (Beispiel). (Eigene Darstellung)

Stoßrichtungen abzuleiten. Strategische Stoßrichtungen sind – wie der Name impliziert – erste Grundideen der Strategie.

In der Theorie spricht man von vier unterschiedlichen Strategiearten:

- SO-Stoßrichtungen zur Nutzung der Chancen des Unternehmens unter Einsatz von dessen Stärken.
- ST-Stoßrichtungen zum Ausgleich beziehungsweise zur Entschärfung von Umweltrisiken durch Besinnung auf die eigenen Stärken.
- WO-Stoßrichtungen mit dem Ziel, Chancen zu nutzen, indem Unternehmensschwächen abgebaut werden.
- WT-Stoßrichtungen zum Abbau von Schwächen und zur Reduktion von Risiken.

Für Sie als Klein- und Mittelunternehmer ist es ausreichend, sich auf die SO- und WT-Stoßrichtungen zu konzentrieren. SO-Stoßrichtungen sind spannend, weil sie sowohl für Ihre Kunden als auch für Ihr Unternehmen die spürbarsten Veränderungen/Erfolge erzielen können. Andererseits helfen Ihnen WT-Stoßrichtungen, künftige Gefahren für Ihr Unternehmen erfolgreich abzuwenden und erkannte Schwächen zeitnah auszumerzen. Eine Konzentration auf diese beiden Stoßrichtungen erfolgt aufgrund der begrenzten Ressourcen (Zeit, Arbeitskraft und Kapital) in KMU. Konzentrieren Sie sich daher primär auf diese beiden Stoßrichtungen, nach dem Grundsatz: Konzentration Ihrer Kräfte!

Um die genannten Strategien zu identifizieren, fragen Sie sich:

Welche Stärken passen zu welchen Chancen? So kann zum Beispiel die Chance des gesellschaftlichen Trends zu größerem Umweltbewusstsein durch vorhandenes Know-how eines Unternehmens im Bereich umweltfreundliche Produktion (Stärke) genutzt werden. Bei SO-Stoßrichtungen handelt es sich häufig um Strategien, die auf eine Expansion oder Neuentwicklung von Produkten abzielen.

Um WT-Stoßrichtungen abzuleiten, sollten Sie sich fragen, welche Ihrer Schwächen zu den identifizierten Gefahren passt. Werden Sie hier fündig, ist Vorsicht geboten! Sie könnten beispielsweise als Malereibetrieb Ihre Schwäche identifiziert haben, keinen den Vorschriften entsprechenden Spritzraum zu haben. Diese Schwäche steht in Ihrer TOWS-Matrix der Gefahr gegenüber, dass in Zukunft schärfere Kontrollen vonseiten der Gesundheitsbehörde zu erwarten sind. Eine gefährliche Paarung! Als strategisch denkender Inhaber dieses Malereibetriebes werden Sie den Neubau eines Spritzraumes planen (innere Entwicklung) und bestenfalls versuchen, eine deutlich bessere Qualität dem Kunden zu einem höheren Preis (äußere Entwicklung) anzubieten.

TOWS-Matrix – das Vorgehen

Das Arbeitsblatt 4.1 stellt eine klassische TOWS-Matrix dar (siehe Abb. 3.6). Für die Entwicklung Ihrer strategischen Stoßrichtungen nehmen Sie bitte Ihre Arbeitsblätter aus den Schritten 1 bis 3 zur Hand und gehen Sie wie folgt vor:

1. Diskutieren Sie mit Mitarbeitern – falls möglich auch mit ausgewählten Kunden und allenfalls sogar weiteren Anspruchsgruppen – die in Schritt 1 Unternehmensanalyse identifizierten Stärken und Schwächen Ihres Unternehmens (vgl. dazu Arbeitsblatt 1). Versuchen Sie, die fünf wichtigsten Stärken und Schwächen zu erkennen und tragen Sie diese in die Matrix unter Strengths (Stärken) und Weaknesses (Schwächen) ein.
2. Erarbeiten Sie – basierend auf den Ergebnissen der Schritte 2 Umweltanalyse (vgl. dazu Arbeitsblatt 2) und Schritt 3 Wettbewerbs- und Konkurrenzanalyse (vgl. dazu Arbeitsblatt 3.1) – die fünf in Zukunft wichtigsten Chancen und Gefahren für Ihr Unternehmen. Tragen Sie diese in die TOWS-Matrix unter Opportunities (Chancen) und Threats (Gefahren) ein.

ARBEITSBLATT 4.1

TOWS-MATRIX (SCHRITT 4)

URSFREY
SPEAKER & BUSINESS EXPERT

DATUM: 14.02.16 VERSION: 1

Unternehmensanalyse	Stärken (Strengths)	Schwächen (Weaknesses)
	S1. Entscheidungsstarkes und Handlungs-freudiges Familienunternehmen	W1. Zu dünne Personaldecke für 3-Schicht-Betrieb
	S2. Moderner Maschinenpark mit einsatz-freudigen und veränderungswilligen Mitarbeitern	W2. Margenerosion und fehlendes Key-Account Management (KAM) kostet uns wertvolle Rendite
	S3. Zahlreiche innovative Lösungen werden durch F&E-Abteilung erarbeitet	W3. Kunden bestellen mehrheitlich unsere Standardprodukte
	S4. Gute, langjährige Kontakte zu Schlüsselkunden	W4. Fehlende Führungsinformationssysteme, mangelnde Englischkenntnisse und ineffiziente Sitzungen
	S5. Gute Eigenkapitalbasis, starker Reinves-tionsgrad des erwirtschafteten Cash Flows, geringe Abhängigkeit von Banken	W5. Teilweise ungelöste Nachfolge- und Stellvertreterregelungen von Schlüsselpositionen

Chancen (Opportunities)	SO-Stossrichtungen	WO-Stossrichtungen
O1. Abschluss von Freihandelsabkommen mit asiatischen Zielmärkten steht bevor	SO1. Erarbeiten einer Digitalisierungsstrategie für eine bessere Kundenintegration (S1, S4; O2).	
	SO2. Zusammenarbeit mit Lieferanten im Rahmen des Projekts Industrie 4.0 prüfen (S1, S2, S3; O3).	
O2. Die Digitalisierung ermöglicht uns eine stärkere Kundenintegration	SO3. Das Thema verlängerte Werkbank mit ausgewählten Schlüsselkunden umsetzen (S1, S2, S4; O4).	
O3. Industrie 4.0 eröffnet unserer Branche neue Möglichkeiten	SO4. Projekt ASIA/Pacific in Zusammenarbeit mit unseren Kunden, die vom Freihandelsabkommen betroffen sind vorantreiben (S1, S4, S5, O1).	
	SO5. Analyse der eigenen Wertschöpfungstiefe aufgrund der Verlagerung nach Asien prüfen (S2, S3, O4).	
O4. Wertschöpfungstiefe ist dank eigener Produktion sehr hoch	SO6.	
	SO7.	
O5.	SO8.	

Gefahren (Threats)	ST-Stossrichtungen	WT-Stossrichtungen
T1. Ausgewählte Zielkunden erwägen Produktionsverlagerung in asiatische Staaten		WT1. Alternative Zielmärkte in Europa definieren, bei anhaltend schlechter Konjunktur in Russland (W2, W4, T3).
		WT2. Produktionsverlagerung und/oder verstärkte Zusammenarbeit mit Kooperationspartnern in Polen prüfen (W1, W2; T5).
T2. Anhaltende Währungsturbulenzen erschweren unsere Exportfähigkeit		WT3. Gezielte Personalakquise für 3-Schicht-Betrieb am Standort CH (W1, W2, W5; T2).
T3. Markt Russland bricht aufgrund der negativen wirtschaftlichen Lage weg		WT4. Einführen eines systematischen Key-Account Management Systems (W2,W3, W4; T1, T3, T4).
		WT5. After-Sales Angebote ausarbeiten und ausgewählten Schlüsselkunden anbieten (W2, W4, T4).
T4. Es gelingt uns nicht unsere Kunden im Bereich After-Sales zu überzeugen		WT6. Projekt "fit-for-the-future" lancieren, um Nachfolge- und Stellvertreterregelungen innerhalb des Unternehmens für die nächsten 10 Jahre zu klären (W1, W4, W5; T1, T2).
		WT7.
T5. Verschärfte Grenzwerte und zuneh-mende Regulierung erschweren CH-Produktion massiv		WT8.

Abb. 3.6 Arbeitsblatt 4.1 – Die TOWS-Matrix (Schritt 4). (Eigene Darstellung)

3. Stellen Sie Ihre Stärken den ermittelten Chancen gegenüber, indem Sie sich die Frage stellen: „Was muss ich machen, damit ich im Wissen um meine Stärken die künftigen Chancen am besten wahrnehmen kann?" Formulieren Sie daraus fünf bis acht strategische Stoßrichtungen (SO-Stoßrichtungen).
4. Stellen Sie Ihre Schwächen identifizierten Gefahren gegenüber, indem Sie sich die Frage stellen: „Wie muss sich unser Unternehmen verhalten, damit wir im Wissen um unsere Schwächen die identifizierten künftigen Gefahren bestmöglich vermeiden können?" Sie erhalten dabei weitere fünf bis acht strategische Stoßrichtungen (WT-Stoßrichtungen).
5. Halten Sie die Ergebnisse in den Feldern SO-Stoßrichtungen und WT-Stoßrichtungen fest, indem Sie bis zu acht kurze, aussagekräftige Sätze in Form von Handlungsanweisungen formulieren. Dies kann beispielsweise sein: „Marktgebiet Süddeutschland gezielt durch neue Händler bedienen". Zeigen Sie mit den entsprechenden Verknüpfungen von Stärken (S1, S2, S3 etc.) und Chancen (O1, O2, O3 etc.) beziehungsweise von Schwächen (W1, W2, W3 etc.) und Gefahren (T1, T2, T3 etc.) quasi die sachlogische Herleitung der ausformulierten Stoßrichtung auf, also beispielsweise (S1, S3, S6; O1; O3).

Tipps

✓ Konzentrieren Sie sich dabei nur auf die Bereiche SO- und WT-strategische Stoßrichtungen.
✓ Versuchen Sie, wann immer möglich, gleich mehrere Punkte (S1, S3, S6; O1, O3) miteinander zu kombinieren.
✓ Achten Sie darauf, dass Sie alle unter S, W, O, T erwähnten Punkte mindestens einmal verwendet und miteinander in Beziehung gebracht haben.

Die so formulierten strategischen Stoßrichtungen übertragen Sie nun in das Arbeitsblatt 4.2 (siehe Abb. 3.7). Dabei geht es nun weiter darum, die dort formulierten Stoßrichtungen zu verdichten und zu ordnen, dies tun Sie Schritt für Schritt und gemäß den nachfolgenden Punkten:

1. Übertragen Sie die erarbeiteten strategischen Stoßrichtungen (SO und WT) des Arbeitsblattes 4.1 auf das Arbeitsblatt 4.2. Versuchen Sie, jene Stoßrichtungen zusammenzufassen, die gleichartige Zielsetzungen oder Projekte aufweisen.
2. Ergänzen Sie für jede Stoßrichtung einen Zeithorizont (Jahr 1, Jahr 2, Jahr 3 oder 31.03.20xx). Damit priorisieren Sie Ihre Stoßrichtung zeitlich.

ARBEITSBLATT 4.2

STRATEGISCHE STOSSRICHTUNGEN (SCHRITT 4)

URSFREY
SPEAKER & BUSINESS EXPERT

DATUM: 14.02.2016 VERSION: 1

Nr.	Bereich	Stossrichtung (Text)	Zeithorizont	Priorität (1,2,3)	Markt (M)	Leistung (L)	Unternehmen (U)
1	SO	Erarbeiten einer Digitalisierungsstrategie für eine bessere Kundenintegration.	31.12.16	1	M		
2	SO	Zusammenarbeit mit Lieferanten im Rahmen des Projekts Industrie 4.0 prüfen.	31.07.17	2	M		
3	SO	Das Thema verlängerte Werkbank mit ausgewählten Schlüsselkunden umsetzen.	31.12.17	2		L	
4	SO	Projekt ASIA/Pacific in Zusammenarbeit mit unseren Kunden, die vom Freihandelsabkommen betroffen sind vorantreiben.	30.06.17	3	M		
5	SO	Analyse der eigenen Wertschöpfungstiefe aufgrund der Verlagerung nach Asien prüfen.	31.12.17	3		L	
6	WT	Alternative Zielmärkte in Europa definieren, bei anhaltend schlechter Konjunktur in Russland.	31.12.16	1	M		
7	WT	Produktionsverlagerung und/oder verstärkte Zusammenarbeit mit Kooperationspartnern in Polen prüfen.	30.06.17	2			U
8	WT	Gezielte Personalakquise für 3-Schicht-Betrieb am Standort CH.	30.09.16	1			U
9	WT	Einführen eines systematischen Key Account Management Systems.	30.06.16	1			U
10	WT	After-Sales Angebote ausarbeiten und ausgewählten Schlüsselkunden anbieten.	31.03.17	2		L	
11	WT	Projekt "fit-for-the-future" lancieren, um Nachfolge- und Stellvertreterregelungen innerhalb des Unternehmens für die nächsten 10 Jahre zu klären.	31.10.17	2			U

Abb. 3.7 Arbeitsblatt 4.2 – Strategische Stoßrichtungen (Schritt 4). (Eigene Darstellung)

3. Ordnen Sie abschließend die strategischen Stoßrichtungen inhaltlich den Bereichen **M**arkt (Kunden), **L**eistung (Produkt) oder **U**nternehmen zu, indem Sie ein M, L oder U in der letzten Spalte einfügen.

Als Ergebnis erhalten Sie hier eine erste Übersicht von zusammengefassten Stoßrichtungen, geordnet nach ihrer Priorität, d. h. ob sie im Jahr 1, Jahr 2 oder Jahr 3 der Strategieumsetzung in Angriff genommen werden sollen, und ebenfalls eine Zuteilung zu den drei Bereichen Markt, Leistung und Unternehmen.

Tipps

✓ Für die erfolgreiche Umsetzung einer Strategie erlebe ich immer wieder die Notwendigkeit, strategische Stoßrichtungen nicht ausschließlich aus einem Bereich zu formulieren. Als viel zielführender hat es sich erwiesen, zuerst etwas Spürbares für den Markt zu machen, bevor man sich mit großer Intensität beispielsweise internen Stoßrichtungen, also dem eigenen Unternehmen, zuwendet. Denn oft spürt der Kunde hier nur mit gewisser Verzögerung entsprechende Neuerungen, wie zum Beispiel einen verbesserten Kundenservice.

✓ Externe Chancen werden häufig mit internen Stärken verwechselt. Sie sollten streng auseinandergehalten werden. Die wirklichen Stärken sind die internen Faktoren, die dem Unternehmen zu einer starken Wettbewerbsposition verhelfen, wie beispielsweise die Fähigkeit der Mitarbeiter, die Qualität interner Prozesse, finanzielle Ausstattung, Beziehung zu Kunden und Lieferanten, Marktposition und Firmenkultur. Chancen ergeben sich hingegen aus dem Umfeld der Organisation. Gemeint sind politische, wirtschaftliche, kulturelle oder rechtliche Einflussfaktoren, auf die das Unternehmen selbst nicht einwirken kann. Um diesen Fehler zu vermeiden, sollten „Chancen" gedanklich mit „günstigen Bedingungen" umschrieben werden.

✓ Zeigen Sie Respekt vor den Vorschlägen Ihrer Mitarbeiter. Auch wenn diese zum gegebenen Zeitpunkt womöglich nicht relevant oder umsetzbar sind, sollten Sie diese nicht einfach verwerfen. Schaffen Sie daher eine Möglichkeit, diese Ideen zu sammeln – es könnten dabei wertvolle Tipps für die Zukunft enthalten sein. Nachfolgendes Arbeitsblatt (Abb. 3.8) könnte eine derartige Möglichkeit schaffen. Momentan nicht umsetzbare Ideen, Vorschläge, Anregungen werden darauf gesammelt und so gesichert.

ARBEITSBLATT 4.3

DIFFERENZIERUNGSMÖGLICHKEITEN (SCHRITT 4)

URSFREY
SPEAKER & BUSINESS EXPERT

DATUM: 14.02.16 VERSION: 1

Differenzierungsmöglichkeiten / Neue Tätigkeitsgebiete		Beurteilung nach Prioritäten und Potential		
		A	B	C
Differenzierungsfaktor: Produktbegleitende Dienstleistungen aufbauen				
Beschreibung 1:	Durch zusätzliche Dienstleistungen wird die Problemlösung erweitert und gegenüber dem Wettbewerb nochmals aufgewertet. Beratungen können zu engem und vertrauensvollem Kontakt zu Kunden führen, wodurch die Kundenpartnerschaft intensiviert und dadurch positiv vom Wettbewerb abgehoben wird. Da Consulting oft im Vorfeld von Projektrealisierungen stattfindet, ergibt sich für die beratende Firma durch die frühzeitige Einbindung ein gewisser Zeitvorteil gegenüber der Konkurrenz.		X	
Differenzierungsfaktor: ABC-Maschinen entwickeln und vertreiben				
Beschreibung 2:	Technisch gesehen stellen die ABC-Maschinen relativ einfache Einsteigerlösungen dar, die jedoch den speziellen Anforderungen vieler KMU-Kunden entsprechen: attraktives Kosten-Nutzenverhältnis durch Fokussierung auf kleinere Losgrößen (geringeres Investment als bei überdimensionierten High-End-Maschinen) und solide, robuste Qualität (hohe Zuverlässigkeit). Diese Kunden können mittels der ABC-Maschinen ihre Wertschöpfungskette verlängern, indem sie damit in der Lage sind, zuvor fremd eingekaufte Teile selber herstellen zu können.	X		
Differenzierungsfaktor:				
Beschreibung 3:				
Differenzierungsfaktor:				
Beschreibung 4:				
Differenzierungsfaktor:				
Beschreibung 5:				

A: Verhilft zur langfristigen Profilierung, baut auf eigenen Stärken auf

B: Interessante Möglichkeit zur Differenzierung, langfristig kaum abschirmbar

C: Imitation - Grundsätzlich keine wirkungsvolle, für den Kunden wahrnehmbare Differenzierung

Abb. 3.8 Arbeitsblatt 4.3 – Differenzierungsmöglichkeiten (Schritt 4). (Eigene Darstellung)

Ziel des Arbeitsblattes 4.3 (siehe Abb. 3.8) ist es, mögliche Ideen, seien es Differenzierungsmöglichkeiten oder sogar neue Tätigkeitsgebiete, zu sammeln und diese dann nach Priorität und dem zukünftigen Potenzial zu bewerten. Oft erlebe ich, dass ein gewisses Potenzial an Ideen an dieser Stelle der Strategieentwicklung darauf wartet, „irgendwie" eingebunden und erfasst zu werden. Nachfolgendes Arbeitsblatt kann dies gewährleisten

1. Beschreiben Sie die Differenzierungsmöglichkeit oder das neue Tätigkeitsgebiet für Ihr Unternehmen in kurzen Sätzen und tragen Sie diese in das dafür vorgesehene Feld ein.
2. Beurteilen Sie nun anhand der am unteren Blattrand angefügten Legende die einzelnen Differenzierungsfaktoren mit A, B oder C nach Priorität und nach dem künftigen Potenzial dieser Faktoren für Ihr Unternehmen. Setzen Sie in der entsprechenden Spalte ein Kreuz.

3.5 Schritt 5: Vision, zentrale Werte und Führungsleitsätze

In den Schritten 1 bis 4 haben Sie sich nun in aller Ernsthaftigkeit mit Ihrem Unternehmen und wichtigen beeinflussenden Faktoren beschäftigt. Ich hoffe sehr, dass diese Arbeit dazu beigetragen hat, Ihr Vertrauen in Ihre persönlichen unternehmerischen Kompetenzen, die Stärken Ihres Unternehmens und Ihrer Positionierung zu stärken. Nun lade ich Sie ein, sich von dieser Ernsthaftigkeit und analytischen Herangehensweise ein wenig zu verabschieden. In Schritt 5 ist es Zeit zum Träumen! Jetzt dürfen Sie an Ihren großen unternehmerischen Traum, an das womöglich fast Unmachbare, denken. Es ist Zeit für Ihre große Vision!

► **Eine Vision**

- macht klar, wohin Sie Ihre Reise als Unternehmer führen soll.
- gibt Ihnen damit eine Ausrichtung, die Ihnen hilft, strategisch wichtige Entscheidungen treffen zu können.
- kann Sie und Ihre Mitarbeiter motivieren, gemeinsam dieses große Ziel zu erreichen.
- vermittelt Vertrauen: als Unternehmer zeigen Sie, dass Sie einen Plan haben und Ihren Mitarbeitern schenken Sie das Vertrauen, wichtig für diesen Plan zu sein.

Die Vision – es darf geträumt werden

In einer Vision formulieren Sie Ihr großes Ziel, das Sie in zehn Jahren erreicht haben wollen. Dafür dürfen Sie sich ruhig etwas aus dem Fenster lehnen – eine der wichtigsten Funktionen einer Vision ist ihr Potenzial zur Motivation und Mobilisierung. Wenig ambitionierte Ziele erfüllen diese Funktion nicht in gleichem Maße wie sehr sportlich gesteckte Ziele. Als Bill Gates in den Siebzigerjahren Microsoft gründete, dachte er nicht an einen prozentualen Marktanteil oder eine spezifische technische Innovation. Er wollte „a computer on every desk and in every home". Ähnlich ambitioniert ist es Jeff Bezos, der Gründer von Amazon angegangen: „Our vision is to be the earth's most customer centric company." Auch der IKEA-Gründer Ingvar Kamprad hatte ein großes Ziel: „to create a better everyday life for the many people."

Auch wenn es zum Beispiel als Schreiner nicht Ihr erklärtes Ziel ist, Möbel für die Allgemeinheit zu schaffen, um deren Alltag zu verbessern, bin ich mir sicher, dass es auch in Ihrer Nische ein ambitioniertes Ziel gibt, das es zu verfolgen gilt. Ergeben sich Ihre Ziele aus kleinen, wenig spektakulären Verbesserungen, ist es womöglich schwieriger, aber keinesfalls weniger wichtig, eine inspirierende Vision zu finden. Oft sprechen Visionen von KMU direkt echte Kundenbedürfnisse an. So könnte es sich ein innovativer Metallbauer zum Ziel setzen „dort zu beginnen, wo andere aufhören!" oder der Schlüsseldienst könnte sich auf die Fahnen heften: „Wir sind für Sie da, wenn andere schon lange Feierabend haben!"

Visionen sind wichtig

Visionen sind wichtig. Zum einen geben Visionen Orientierung. In einer Welt sich öffnender Märkte, schwindender Grenzen und internationaler Vernetzung werden es visionslose Unternehmen immer schwieriger haben, sich nicht zu verzetteln. Ohne ein erklärtes Ziel läuft man Gefahr, Dinge zu tun, die zwar kurzfristig profitabel, langfristig aber nicht sinnvoll sind. Kennen Sie Ihr Ziel nur ungefähr, wird es Ihnen schwerer fallen, auch einmal Aufträge abzulehnen, die Ihrer Positionierung und Ihrem Unternehmen womöglich nicht guttun würden. Denken Sie nur einmal daran, wie schwer es ist, Ressourcen sinnvoll einzusetzen, wenn Ihr erklärtes Ziel fehlt! Sie können Ressourcen nur strategisch zielgerichtet einsetzen, wenn Sie wissen, wo die Reise hingehen soll. Nur dann werden die richtigen Dinge getan, wenn Sie alle an einem Strang und in dieselbe Richtung ziehen und das Unternehmen als Einheit und nicht als konfuser Haufen agiert.

Mindestens ebenso wichtig ist die Funktion einer Vision als Instrument zur Sinnvermittlung, Faszination, Identifikation und damit Motivation der Mitarbeiter. Antoine de Saint-Exupery liefert dafür ein sehr schönes Bild, das sehr gut beschreibt, wie ein Ziel intrinsische Motivation erzeugen kann: „Wenn Du ein

Schiff bauen willst, dann trommle nicht Männer zusammen, um Holz zu beschaffen, Aufgaben zu vergeben und die Arbeit einzuteilen, sondern lehre die Männer die Sehnsucht nach dem weiten, endlosen Meer." Mit einer Vision können Sie Ihren Mitarbeitern das Gefühl geben, Teil eines Großen, eines ambitionierten Plans zu sein. Identifizieren sich Ihre Mitarbeiter mit Ihrer Vision, verleihen Sie ihrer Arbeit Sinn und ein Ziel. Darüber hinaus räumen Sie Ihren Mitarbeitern das Vertrauen ein, Teil dieses Plans zu sein und Entscheidendes dafür leisten zu können.

Gute Gründe also für ein Unternehmen, nicht einfach auf eine Vision zu verzichten! Mag die Bedeutung einer Vision für ein Startup wesentlich größer erscheinen – beginnt man die Strategiearbeit in der Gründungsphase häufig mit einer Vision – ist sie aus genannten Gründen auch für bereits etablierte Unternehmen nicht zu vernachlässigen. Egal ob Sie nun bereits eine Vision für Ihr Unternehmen niedergeschrieben haben oder erstmalig eine erstellen möchten, nachfolgende Schritte werden Ihnen weiterhelfen. Sie können mit Hilfe dieser Schritte entweder eine neue Vision formulieren oder die Fragen als Kontrollfragen verwenden, um Ihre bestehende Vision zu überprüfen.

Definition der Unternehmenswerte im Wertvorstellungsprofil

Als Inhaber, Gründer oder Geschäftsführer Ihres Unternehmens sollte Ihre Vision natürlich Ihren ganz persönlichen Traum, Ihr großes Ziel beinhalten. Sie formulieren den Kerninhalt, der auch nicht Gegenstand einer Abstimmung durch die Mitarbeiter ist. Trotzdem ist es ratsam, Ihre Idee mit einem Teil Ihrer Mitarbeiter zu diskutieren. Damit eine Vision ein Instrument zur Motivation und Faszination werden kann, sind Akzeptanz und Identifikation Voraussetzung. Fordern Sie daher ausgewählte Mitarbeiter auf, Inhalte kritisch zu prüfen, Punkte zu ergänzen oder Alternativen vorzuschlagen.

Tun Sie dies, werden Sie es womöglich auch gleich wieder bereuen – Sie lösen damit nämlich sicher eine Menge Diskussionen aus. Behalten Sie dabei im Hinterkopf, wie wichtig das Commitment Ihrer Mitarbeiter ist und dass es sich dabei um einen ganz natürlichen Prozess handelt. Menschen haben Ihre individuellen Wertvorstellungen. Dies gilt auch für die Führungskräfte in einem Unternehmen. Oft führen diese individuellen Wertvorstellungen dazu, dass bei jedem Einzelentscheid immer wieder „Grundsätzliches" diskutiert werden muss. Allerdings können Sie sich hier abhelfen, indem Sie gemeinsam mit den relevanten Personen ein Wertvorstellungsprofil erarbeiten. In einem Wertvorstellungsprofil werden die individuellen Wertvorstellungen harmonisiert, das Verhalten des Unternehmens somit langfristig festgelegt. Damit sind Ihre Unternehmenswerte nicht mehr diskutierbar. Sie sparen damit viel Zeit, Energie und verbessern Ihre Außenwirkung. Sie wirken authentisch und kongruent. Wie wichtig diese beiden Eigenschaften für das Image Ihres Unternehmens sind, wurde ja bereits in Kap. 1 erläutert.

Der Prozess der Entwicklung einer harmonisierten Wertvorstellung ist in den meisten Fällen gruppendynamisch sehr interessant. Es wird sofort ersichtlich, bei welchen Faktoren bereits Einigkeit herrscht und wo die individuellen Wertvorstellungen weniger oder mehr auseinanderliegen. Bei diesem Punkt wird oft mit Erstaunen festgestellt, dass der eine oder andere Mitarbeiter, den man seit Jahren kennt, bei einzelnen Werten eine komplett andere Vorstellung hat, als implizit angenommen. Allerdings ist es wichtig, sich auf eine gemeinsame Sicht der Dinge zu einigen. Haben Sie das erst einmal geschafft, wird es die Formulierung Ihrer Vision wesentlich erleichtern.

Werte als Grundlage einer Unternehmensmoral stehen heute mehr denn je im Zentrum von Managementdiskussion. Der Begriff „Wertvorstellung" stellt dabei das Wunschbild der Werte dar. Unter Wert selber verstehen wir die Bedeutung, die einem reellen oder ideellen Gegenstand, subjektiv oder objektiv, individuell oder im Konsens mit Kollektiven zugemessen wird. Das Wertvorstellungsprofil in Anlehnung an Hans Ulrich, auf dessen Ideen auch das Wertvorstellungsprofil in Abb. 3.9 aufbaut, stellt ein Hilfsmittel dar, um die individuellen Wertvorstellungen der Mitglieder der Führungsgruppe zu harmonisieren (Ulrich 1968).

Vision und Wertvorstellung – das Vorgehen

Sie starten die Entwicklung Ihrer Vision mit der einfachen Frage, was Sie in zehn Jahren erreicht haben wollen. Im Anschluss daran empfehle ich Ihnen, ein Wertvorstellungsprofil zu erstellen. Damit legen Sie einen optimalen Grundstein für die Erarbeitung Ihrer Leitsätze und Ihrer neuen Vision.

1. Teilen Sie das Arbeitsblatt 5.1 (siehe Abb. 3.9) an ausgewählte Mitarbeiter aus. Fordern Sie diese auf, die Fragen und Bewertungen nach Ihrem persönlichen Empfinden auszufüllen.
2. Als Eigentümer, Geschäftsführer oder Initiator des Strategieprozesses sollten Sie natürlich das Gleiche tun. Formulieren Sie zuerst Ihre bestehende Vision. Überlegen Sie anschließend, wo Ihr Unternehmen in zehn Jahren sein soll. Was wird Sie in zehn Jahren stolz machen? Wie bewerten Sie die einzelnen Faktoren im Wertvorstellungsprofil? Die in Arbeitsblatt 5.1 angeführten Werte sind Faktoren, die in Anlehnung an Ulrich relevant sind, um ein Wertvorstellungsprofil zu erstellen.
3. Treffen Sie sich mit Ihren ausgewählten Mitarbeitern zu einer offenen Diskussionsrunde. Jeder Teilnehmende kann seine Einschätzungen vorstellen. Disku-

ARBEITSBLATT 5.1

VISION UND WERTVORSTELLUNGSPROFIL (SCHRITT 5)

DATUM: 14.02.16 VERSION: 1

Bestehende Vision – Was ist unsere derzeitige Vision / unser Leitsatz?
Wie lautet die aktuelle Vision unseres Unternehmens?
Wir sind der führende Hersteller von Hightech-Produkten auf dem Gebiet kundenspezifischer Antriebslösungen mit Schwerpunkt mechanische Kleingetriebe und -motoren.

Wo will unser Unternehmen in zehn Jahren sein?

Nr.	In zehn Jahren sind wir stolz auf?
1	Unser Produkt- & Leistungsportfolio und dessen Marktstellung
2	Unsere anerkannte Innovationskraft und ausgewiesene Lösungskompetenz
3	Unsere gelebte Unternehmenskultur und unser attraktives Betriebsklima
4	Einen renommierten, zufriedenen Kundenstamm
5	Die Selbstverständlichkeit, wie wir mit den strategischen Herausforderungen umgehen

Faktor	Ausprägung	Bewertung 1	2	3	4	5	6	7	Ausprägung
Wertvorstellungsprofil (Strategieteam)									
(Umsatz-)Wachstum	stabil				×				maximal
geografische Reichweite	lokal					×			international
ausschüttbarer Gewinn	gering			×					hoch
Risikoneigung	gering					×			hoch
Eigentumsverhältnisse	Einzelbesitz					×			Beteiligung Dritter
Qualität der Marktleistungen (Produkte, DL)	gering				×				maximal
Innovationsneigung	gering						×		hoch
Führungsstil	autoritär						×		demokratisch
Berücksichtigung von Mitarbeiterzielen	keine					×			maximal
Berücksichtigung gesellschaftlicher Ziele	keine				×				so weit als möglich
Berücksichtigung ökologischer Ziele	keine					×			so weit als möglich
Verhältnis zum Staat	Abwehrhaltung				×				maximale Unterstützung

Abb. 3.9 Arbeitsblatt 5.1 – Vision und Wertvorstellungsprofil (Schritt 5). (Eigene Darstellung)

tieren Sie unterschiedliche Meinungen und versuchen Sie, sich auf gemeinsame Antworten zu einigen.
4. Erstellen Sie ein von allen getragenes Arbeitsblatt 5.1, das nur jene Antworten enthält, die alle Beteiligten bereit sind, mitzutragen.

Tipps

✓ Ihr Wertvorstellungsprofil darf keine Widersprüche mehr aufweisen. Zum Beispiel passt es kaum zusammen, dass beim Faktor „Risikoneigung" „gering" verlangt wird und gleichzeitig beim Faktor „Innovationsneigung" die Ausprägung „hoch" gefordert wird.
✓ Das Wertvorstellungsprofil ist durch jenen Personenkreis zu erarbeiten, der auch die Verantwortung für die Zielumsetzung trägt. Es gilt, Betroffene zu Beteiligten zu machen!
✓ Das Festlegen auf gemeinsame Werte, die mehr oder weniger identisch ausgeprägt von allen getragen werden, führt auch dazu, dass in der Strategieumsetzung viel weniger Widerstände ausgeräumt und/oder Konflikte bezüglich zentralen Fragen ausgetragen werden.
✓ Die Erarbeitung eines gemeinsamen Wertvorstellungsprofils kann wesentlich zur Steigerung des Wir-Gefühls beitragen. Der Erstellungsprozess kann sich durchaus konfliktträchtig gestalten, was sich wiederum auf das Ergebnis äußerst vertrauensbildend auswirkt. Das Team hat sich auf gemeinsame Werte geeinigt. Jeder Beteiligte kann darauf vertrauen, dass die restlichen Teammitglieder dieselben Werte in Bezug auf ihr Unternehmen verfolgen!

Führungsleitsätze

Vor geraumer Zeit bekam ich einen Anruf von einem meiner ehemaligen Studenten. Der Inhaber eines mittelständischen Maschinenbau-Unternehmens wollte zwei Jahre nach Absolvieren des Lehrgangs für Strategieentwicklung in mittelständischen Unternehmen nun endlich das Gelernte in die Tat umsetzen. Ausschlaggebend war der schmerzvolle und wiederholte Wechsel und Verlust guter Mitarbeiter. Sein Standort, Nähe Augsburg, brachte es mit sich, dass qualifizierte Mitarbeiter heiß umkämpft waren und er diese immer wieder an größere Industrieunternehmen aus der Region verlor. Darum hoffte er, durch gezielte Strategiearbeit Vertrauen innerhalb seiner Belegschaft zu fördern und sein Unternehmen als attraktiven Arbeitgeber zu positionieren. Gemeinsam erarbeiteten wir ein Strategiepapier, das unter anderem nachfolgende Leitsätze beinhaltete:

- **Einkauf** – ***Kauf schwäbisch ein!*** Wir im Einkauf liefern sowohl preiswert als auch termingerecht die geplanten Materialien und Komponenten in der geforderten Qualität an die einzelnen Abteilungen … Die Mitarbeiter im Einkauf tragen dadurch zu einem reibungslosen Ablauf bei, halten die Kosten niedrig und berichten an die betroffenen Stellen bei Abweichungen.
- **Konstruktion** – ***Geht nicht, gibt's nicht!*** Wir als innovative Konstrukteure entwickeln und konstruieren eigenverantwortlich unter Berücksichtigung der aktuellen Normen und der im Unternehmen geltenden Vorgaben zur Standardisierung. … Unser Ziel ist es, unter Berücksichtigung der jeweiligen Kundenanforderungen die Produkte zu standardisieren und dadurch Qualität, Kosten, Design und Termin zu optimieren.
- **Fertigung** – ***Mach's glei gscheit!*** Wir in der Fertigung stellen die zeichnungs- und termingerechte Herstellung entsprechend dem Arbeitsplan bei jedem Arbeitsgang sicher. Wir prüfen kontinuierlich unsere Arbeitsweise auf die Möglichkeit, die Prozesse in Hinblick auf Schnittwerte, Rüstzeiten, Aufspannsituation und Betriebsmittel usw. zu verbessern und an die entsprechende Stelle zu melden.

Die jeweilige Din A4-Seite, die den entsprechenden Leitsatz für die jeweilige Abteilung (Einkauf, Konstruktion, Fertigung etc.) enthielt und erläuterte, befand sich an der Bürotür, in der Produktionshalle oder in den Gängen der Aufenthaltsräume. Jeder Mitarbeiter kannte diese Sätze. Sie waren leicht verständlich, einprägsam und herausfordernd. Sie verankerten die Vision des Unternehmens, indem sie

- Orientierung für das Handeln der Mitarbeiter gaben,
- Problembewusstsein erzeugten und Veränderungsanstöße boten,
- Verbindlichkeit und Beständigkeit erzeugten.

Leitsätze werden zum Leitbild und verankern so die Werte

Die obig genannten Leitsätze des Augsburger Maschinenbauers erzeugen ein (Leit-)Bild dieses Unternehmens, das abgesehen von den strategischen Zielen auch die Unternehmenskultur, die Arbeitsweise, den Umgang mit Mitarbeitern und den Führungsstil beschreibt. In Ihrer Summe ergeben Sie das Leitbild, das Antworten auf nachfolgende Fragen geben soll:

- Wer sind wir?
- Was machen wir?
- Wozu machen wir es?
- Wie machen wir es?

Wie aus dem Beispiel deutlich hervorgeht, sind Leitbilder wichtig für die gesamte Belegschaft des Unternehmens. Sie geben Orientierung, schaffen ein Gefühl der Zusammengehörigkeit und erzeugen Vertrauen. Darüber hinaus richtet sich ein Leitbild auch an die Öffentlichkeit: Es gibt potenziellen Kunden, Mitarbeitern, Kooperationspartnern, Konkurrenten, Interessenten Aufschluss über die Ziele, Grundwerte und das Selbstverständnis dieses Unternehmens. Ein Leitbild ist demnach ein sehr wichtiges Instrument zur Image- und Vertrauensbildung.

Von den Leitsätzen zum Leitbild – das Vorgehen

Während die Vision eines Unternehmens stark von der Unternehmensführung ausgeht, ist die aktive Einbindung ausgesuchter Mitarbeiter im Prozess der Leitbilderstellung wichtig. Trotzdem ist es erfolgskritisch, dass die Unternehmensführung die Leitbildentwicklung unterstützt und mitträgt beziehungsweise -entscheidet. Nur so kann sichergestellt werden, dass die von der Führung gewünschten Kerninhalte auch berücksichtigt werden und dass die Thematik ausreichend Aufmerksamkeit und Verbindlichkeit erhält. In den Prozess der Leitbilderstellung empfiehlt es sich, ausgewählte Mitarbeiter unterschiedlicher Hierarchiestufen, Abteilungen und Aufgabenbereiche einzubinden. Damit erhöhen Sie die Akzeptanz, Umsetzbarkeit und Verbindlichkeit des Leitbildes ungemein!

1. Versuchen Sie, die in Arbeitsblatt 5.2 (siehe Abb. 3.10) dargestellten sieben Fragen in je einem prägnanten Satz zu beantworten. Halten Sie sich dabei Ihr vorgängig erarbeitetes Wertvorstellungsprofil vor Augen!
2. Diskutieren Sie Ihre Vorschläge mit Ihrem Strategieteam.
3. Versuchen Sie, das erhaltene Feedback in Ihre Antworten einfließen zu lassen und formulieren Sie abschließend prägnante Sätze, die alle Beteiligten mittragen können.
4. Die so erarbeiteten Sätze ergeben in der Summe ein Leitbild.
5. Abschließend versuchen Sie, eine zusammenfassend, eventuell weiter gefasste neue Vision zu formulieren. Auch damit sollen sich alle Beteiligten identifizieren können.

Das über die sieben Leitsätze erarbeitete Leitbild wirkt nun als Gesamtes für alle Anspruchsgruppen und ist damit weiter gefasst als das vorgängig geschilderte

ARBEITSBLATT 5.2

LEITSÄTZE UND NEUE VISION (SCHRITT 5)

URSFREY
SPEAKER & BUSINESS EXPERT

DATUM: 14.02.16 VERSION: 1

Welche Leitsätze prägen künftig unser Handeln? Beantworten Sie in einfachen Sätzen die nachfolgenden Fragen!

1. Welche Bedürfnisse wollen wir mit unserem Marktleistungsangebot (Produkte/Dienstleistungen) befriedigen?

Den Erfolg unserer Kunden durch konsequent auf ihre Bedürfnisse abgestimmte Lösungen fördern – unser Erfolg ist der Erfolg der Kunden.

2. Welchen Anforderungen bezüglich Qualität, Preis, Aussehen usw. sollen unsere Produkte/Dienstleistungen genügen?

Wir wollen Produkte hoher Qualität herstellen.
Preiswertigkeit ist uns wichtig, wir bieten "value for money" und erwarten gutes Geld für gute Leistungen.
Die Zuverlässigkeit der Produkte & Leistungen genießt bei uns oberste Priorität genauso wie die Einhaltung von vereinbarten Terminen.

3. Welche Marktstellung wollen wir erreichen?

Wir wollen in Europa bevorzugter Maschinenbaupartner für unsere Kunden werden.

4. Welches sind unsere Ziele bezüglich Wachstum, Unabhängigkeit, Flexibilität, Eigentumsstruktur und Finanzierung?

Wir sind eine Manufaktur, die vom Engagement, Ideenreichtum und Geschick seiner Mitarbeiter lebt.
Wir sind ein Familienbetrieb, in dem alle zusammenhalten – einer für alle, alle für einen.
Wir haben Verantwortung für unsere Familien und ziehen Sicherheit dem Risiko vor – wir bleiben bodenständig.

5. Welche Werte bezüglich Führung und Zusammenarbeit sind bei uns wichtig?

Wir unterstützen und erwarten eigenverantwortliches Handeln innerhalb festgelegter Leitplanken!
Führen heißt fordern und fördern! Wir trauen dem Mitarbeiter etwas zu, erwarten aber auch etwas von ihm!
Jeder Mitarbeiter hat eine eigene Persönlichkeit, die wir achten und respektieren!

6. Wie verhalten wir uns gegenüber den Anspruchsgruppen (wie Kunden, Mitarbeiter und Konkurrenz)?

Wir wollen uns stets ehrlich, fair, selbstbewusst und respektvoll gegenüber allen Marktpartnern verhalten.
Darüber hinaus streben wir zu unseren wichtigsten Anspruchsgruppen eine echte partnerschaftliche Win-Win-Beziehung auf Augenhöhe an.

7. Wie sind wir gegenüber gesellschaftlichen Anliegen eingestellt (Umweltschutz, nachhaltige Nutzung der Ressourcen, etc.)

Als KMU sind unsere Möglichkeiten beschränkt. Um dennoch etwas bewirken zu können, betrifft unser Beitrag zu gesellschaftlichen Anliegen nur das nähere Umfeld unseres Unternehmens. Wir bieten unseren Mitarbeitern sichere Arbeitsplätze und geben Jugendlichen jedes Jahr die Möglichkeit, ihre Talente, Fähigkeiten und Fertigkeiten im Rahmen einer soliden Berufsausbildung zu entwickeln. Damit übernehmen wir Verantwortung sowohl gegenüber unseren Mitarbeitern als auch gegenüber der Region.

Nun formulieren Sie Ihre neue Vision oder einen prägnanten zusammenfassenden Leitsatz für Ihr Unernehmen?

Wie lautet die neue Vision unseres Unternehmens?

Wir wollen Menschen in anderen Firmen mit unseren Produkten begeistern, so dass Sie ihre Arbeit leichter und effizienter erledigen können.

Abb. 3.10 Arbeitsblatt 5.2 – Leitsätze und neue Vision (Schritt 5). (Eigene Darstellung)

Beispiel der Augsburger Maschinenbaufabrik. Wichtig ist bei beiden Varianten, dass sich die Adressaten (Mitarbeiter, Kunden, Partnerunternehmen, Lieferanten, Staat) damit identifizieren.

Tipps

- ✓ Ihre Leitsätze sollte ein möglichst prägnantes Bild Ihres Unternehmens zeichnen. Sie können dies überprüfen, indem Sie Ihr Leitbild (ohne Ihren Unternehmensnamen) externen Anspruchsgruppen (z. B. Friendly Customers, Kooperationspartnern etc.) vorlegen. Diese Anspruchsgruppen sollten Ihr Unternehmen nur anhand des Leitbildes wiedererkennen.
- ✓ Nehmen Sie sich für die finale Erstellung Ihrer Leitsätze Zeit! Wenngleich auch die Erarbeitung der sieben Leitsätze mit Hilfe des Arbeitsblattes rasch über die Bühne gehen wird, ist es wichtig, dass Sie sich Zeit für die Diskussion im Plenum nehmen!
- ✓ Primat der Einfachheit: Auch wenn die Realität komplex ist, sollte die Vision möglichst einfach und leicht verständlich formuliert werden.
- ✓ Eine Vision sollte qualitative wie quantitative Elemente beinhalten. Dort, wo es um die Beschreibung des Geschäftes, der Werte, des Besserseins, der Führungsstile geht, sind qualitative Aussagen passender. Bei Wachstums-, Marktanteils- oder Renditezielen sind quantitative Ziele empfehlenswert, um den Zielen auch eine gewisse Verbindlichkeit mitzugeben.
- ✓ Konzentration auf das Wesentliche: Es ist besser, wenn die Mitarbeiter die Kerninhalte der Vision kennen und leben, als eine möglichst vollständige Beschreibung Ihres Unternehmens zu erarbeiten, die nicht verstanden, und schon gar nicht umgesetzt wird.
- ✓ Beachten Sie, dass Formulierung wie „Wir sind der führende Anbieter ..., Wir sind der beste ..., Wir sind die erfolgreichste ...“ keinen visionären Charakter haben. Es muss Ihnen gelingen, mit der Vision eine Sehnsucht, etwas Begreifbares für Kunden und Mitarbeiter zu formulieren. Etwas, das Spaß macht und sich lohnt, mit Engagement zu verfolgen.

Kommunikation von Vision und Leitbild

Sowohl die neue Vision als auch die Leitsätze beziehungsweise das neue Leitbild können Ihre Funktion nur erfüllen, wenn Sie entsprechend kommuniziert werden. Dies setzt zu allererst die Identifikation der Führungsebene mit der Vision und dem Leitbild voraus. Nur wenn Mitarbeitern das Gefühl vermittelt wird, dass die Führungsebene voll und ganz dahintersteht und die Leitsätze auch lebt, kann eine Verbindlichkeit auf Mitarbeiterebene erwartet werden.

Vorbildwirkung ist hier der Schlüssel zum Erfolg. Wir haben in Kap. 1 darüber gesprochen, wie maßgeblich ein integres Verhalten für die Wahrnehmung Ihrer Kunden sein kann. Sie werden sich schwertun, als Bio-Restaurantbesitzer ernst genommen zu werden, wenn Sie persönlich doch am liebsten Fast Food essen.

Vorbildwirkung brauchen Sie nicht nur nach außen, sondern auch nach innen! Ihre Mitarbeiter können nur Vertrauen in die Ernsthaftigkeit Ihrer Strategie gewinnen, wenn sie merken, dass Sie und Ihre Führungsmannschaft diese mit allen Konsequenzen leben.

Darüber hinaus, ist die Kommunikation Ihrer Vision entscheidend. Eine Einmalkommunikation ist in diesem Fall absolut nicht ausreichend. Das „Eintrommeln" der Vision ist ein Prozess, der sich über lange Zeit hinziehen muss. Neben intensiver Kommunikation der Inhalte durch die Führungsmannschaft ist eine Veröffentlichung von Vision und Leitbild in Form von einfachen Ausdrucken, die in Büros, Aufenthaltsräumen etc. aufgehängt werden, zu empfehlen. Darüber hinaus bieten sich die Unternehmenswebsite, Imageprospekte oder dergleichen als Medien an.

3.6 Schritt 6: Nutzenpotenziale erkennen und SEP entwickeln

Strategische Erfolgspositionen (SEP) sind zu Recht in aller Munde. Für die Theoretiker sind sie die Basis strategischer Diskussionen, für die Praktiker das Geheimnis Ihres Erfolges. Per Definition sind strategische Erfolgspositionen Fähigkeiten, die es Ihrem Unternehmen erlauben, langfristig überdurchschnittliche Ergebnisse zu erzielen. Demzufolge sind sie eine gewinnbringende Sache! Schritt 6 hilft Ihnen, die strategischen Erfolgspositionen für Ihr Unternehmen zu entdecken.

► **Strategische Erfolgspositionen**

- geben Ihrer Strategie die richtige Richtung: Aufbau auf vorhandene Stärken und Vermeidung von Schwächen.
- bauen auf jenen Potenziale Ihres Marktes, Ihrer Branche etc. auf, die Wachstum ermöglichen.
- stellen sicher, dass Sie Ihre Ressourcen dort einsetzen, wo Wachstum möglich ist.

- helfen Ihnen, Ihr Profil zu schärfen, indem Sie Ihre Aktivitäten genau auf das konzentrieren, worin Sie richtig gut sind.

Strategische Erfolgspositionen

Strategische Erfolgspositionen sind etwas, um das man sich als Unternehmer wirklich bemühen sollte. Man kann sie nur leider nicht einfach erwerben, man muss sie erarbeiten und – manchmal ebenso schwierig – Nutzenpotenziale dafür entdecken. Viele Unternehmen scheinen wie erstarrt in über Jahrzehnte geprägt Denkstrukturen, die kaum einen Blick auf die Umwelt des Unternehmens möglich machen. Dabei wird leider vieles übersehen – Nutzenpotenziale genauso wie die Fähigkeiten von Mitarbeitenden. Eine haarsträubende Sache – ergeben sie, Nutzenpotenziale und Fähigkeiten, doch in ihrer Summe strategische Erfolgspositionen. Es sind oft Kunden eines Unternehmens, die den Verantwortlichen im Unternehmen entscheidende Hinweise geben können, was genau an ihrem Leistungsangebot – im Vergleich zur Konkurrenz – von herausragender Bedeutung ist. Erstaunlicherweise sind es meist weniger technische Eigenschaften, sondern vielmehr ein Mix aus Produktmerkmalen, Dienstleistungen und herausragenden Fähigkeiten einzelner Mitarbeiter, die genau diesen Unterschied ausmachen, die eine strategische Erfolgsposition so einzigartig machen.

Strategische Erfolgspositionen sind Fähigkeiten, die es Ihnen möglich machen, Ihrer Konkurrenz genau diese Nasenlänge voraus zu sein, von der wir bereits öfter gesprochen haben. Es sind Fähigkeiten, die es Ihnen erlauben, strategisch wichtige Positionen zu besetzen. Es sind Fähigkeiten, durch die Sie einen besonderen Nutzen für Ihre Kunden generieren können.

Ein Hersteller von Lebensmittel im Genussbereich hatte scheinbar einen echten Leistungsvorteil, indem er glaubte, seine Produkte würden von den Kunden sehr geschätzt werden. Dabei zeigte sich aber, dass er vor allem die Logistik hervorragend beherrschte und damit auch die Frische seiner Produkte besser handhabte, als dies seine Konkurrenz machte. Dies ist der echte strategische Vorteil, der ihm aus Sicht des Kunden höheren Umsatz bescherte. Ist diese Einsicht einmal gereift, können gezielt Ressourcen der SEP Logistik zugewiesen werden, um diesen strategischen Vorteil weiter auszubauen.

Nutzenpotenziale

Selbst wenn Sie die Fähigkeiten besitzen würden, dieses oder jenes zu tun, benötigen Sie immer noch die Voraussetzungen, günstige Situationen oder Entwicklungen in Ihrer Umwelt oder Ihrem Unternehmen, die es Ihnen erlauben, diese Fähigkeiten gewinnbringend einzusetzen – sogenannte Nutzenpotenziale. Nutzenpotenziale sind vorteilhafte Konstellationen, aus denen Sie – sofern Sie die richtigen Fähigkeiten besitzen – Vorteile für Ihre Kunden generieren können. Diese Nutzenpotenziale können in Ihrer Umwelt, im Markt oder in Ihrem Unternehmen latent vorhanden sein.

Nachfolgend finden Sie eine Auflistung jener Nutzenpotenziale, die erfahrungsgemäß für KMU besonders relevant sind. Die Liste erhebt keinerlei Anspruch auf Vollständigkeit – sollten Sie darüber hinaus noch günstige Konstellationen für Ihr Unternehmen finden, wunderbar!

Generell wird zwischen externen und internen Nutzenpotenzialen unterschieden. Externe Nutzenpotenziale sind Potenziale, die sich außerhalb Ihres Unternehmens, also in den Umwelten, befinden. Da Sie Ihre Umwelt bereits in Schritt 2 genauer untersucht haben, haben Sie womöglich schon die eine oder andere günstige Konstellation entdeckt. Interne Nutzenpotenziale befinden sich innerhalb Ihres Unternehmens.

Externe Nutzenpotenziale (vgl. Pümpin und Amann 2005):

- Externes Humanpotenzial: Womöglich wäre eine Kooperation mit lokal ansässigen Schulen oder Universitäten möglich, die Ihnen einen kostengünstigen Zugang zu Know-how und künftigen Arbeitskräften ermöglicht?
- Imagepotenzial: Vielleicht besitzen Ihre Produkte oder Dienstleistungen oder Ihr Unternehmen als Ganzes bereits eine gute Reputation, die es auszubauen gilt? Zum Beispiel, indem Sie verstärkt auf Regionalität setzen?
- E-Business-Potenzial: Dieses Nutzenpotenzial ist vielfältig und kann zu wesentlichen Kostensenkungen oder Gewinnmaximierungen beitragen. Gibt es E-Business-Strukturen oder Software, die es Ihnen möglich machen, Ihre Produktion, Ihren Vertrieb oder andere Geschäftsbereiche zu verbessern oder neu zu gestalten?
- Kooperationspotenzial: Aufgrund des hohen Spezialisierungsgrades von KMU ist das Kooperationspotenzial als besonders wichtig und wertvoll zu bewerten. Können Sie Ihre Wertschöpfung ausbauen, indem Sie mit anderen Unternehmen kooperieren? Können Sie Ihr Know-how erweitern, indem Sie sich mit anderen Unternehmen austauschen?
- Marktpotenzial: Das Marktpotenzial ist jenes Nutzenpotenzial, das am häufigsten ausgenutzt und aufgrund dessen meist auch nicht mehr besonders attraktiv ist. Nichtsdestotrotz sollten Sie überlegen, ob es bisher vernachlässigte oder noch nicht ausgenutzte Marktsegmente für Ihr Unternehmen gibt.
- Ökologiepotenzial: In Zeiten von wachsendem Umweltbewusstsein kann dieses Potenzial für Unternehmen sehr interessant sein. Können sie zum Beispiel neue Technologien entwickeln oder anwenden, die es Ihnen möglich machen,

ökologisch nachhaltiger zu produzieren? Oder schaffen Sie es, Produkte zu entwickeln, die besonders umweltbewusst sind? Dieses Nutzenpotenzial können Sie sich insbesondere dann zum Vorteil machen, wenn sich Ihr Unternehmen noch in der Startup-Phase befindet. Sie können sodann von Beginn an auf ökologisch nachhaltige Technologien setzen und ersparen sich teures Umrüsten!
- Technologiepotenzial: Können Sie auf neue Technologien zurückgreifen oder unter Umständen sogar selbst entwickeln, die es Ihnen ermöglichen, kostengünstiger, schneller oder qualitativ hochwertiger zu produzieren?

Interne Nutzenpotenziale (vgl. Pümpin und Amann 2005):

- Human- und Wissenspotenzial: Manchmal haben Sie die Genies in den eigenen Reihen! Vielleicht können Sie über neue Anreiz- oder Beschäftigungssysteme bisher noch wenig genutztes Leistungspotenzial bei Ihren Mitarbeitern aktivieren?
- Unternehmerisches Wissenspotenzial: Womöglich können Sie aus Ihrem Unternehmens-Know-how mehr machen, als es nur für Ihre Leistungserbringung einzusetzen? Vielleicht können Sie es extern verwerten, indem Sie zum Beispiel als Entwicklungspartner für andere Unternehmen tätig sind?
- Organisatorisches Potenzial: In meiner Arbeit mit KMU treffe ich immer wieder auf interne Strukturen und Abläufe mit einem guten Maß an Verbesserungspotenzial. Prüfen Sie daher auch für Ihr Unternehmen, ob die Neu- oder Umgestaltung betrieblicher Abläufe oder Strukturen eine gesteigerte Wertschöpfung bedeuten könnte.
- Standortpotenzial: Sind Sie sicher, dass Sie das Potenzial Ihres Standortes optimal ausnutzen? Könnten neue Bauvorhaben in Ihrer Nachbarschaft neue Kunden mit neuen Bedürfnissen bringen? Ist Ihr Außenauftritt (Schaufenster, Werbung) so ansprechend, dass Sie von Ihrer Lage in der Fußgängerzone entsprechend profitieren?

Einmal Nutzenpotenzial – nicht immer Nutzenpotenzial
Nutzenpotenziale unterliegen – ähnlich wie Produkte oder Märkte – einem Lebenszyklus, der von externen Faktoren mitbestimmt wird. Attraktiv sind Nutzenpotenziale dann, wenn sie sich in der Wachstumsphase befinden. Das verlangt natürlich, dass Sie als Unternehmer stets bemüht sein müssen, neue Nutzenpotenziale zu identifizieren und rasch für Ihr Unternehmen zu erschließen. Denn ähnlich wie bei Produkteinführungen sind Sie natürlich dann im Vorteil, wenn es Ihnen als Erster gelingt, das Potenzial zu erkennen und für sich zu nutzen. Das Schweizer Unternehmen Biketech, Pionierunternehmen und zwischenzeit-

lich Marktführer in der Herstellung von E-Bikes erkannte das „Marktpotenzial" E-Bikes in der Wachstumsphase. Das Unternehmen konzentrierte seine Tätigkeiten rund um dieses Nutzenpotenzial und bezog 2009 das erste ausschließlich für Elektroräder konzipierte Werk Europas. Seitdem konnte die Mitarbeiterzahl verzehnfacht werden. Heute in den E-Bike-Markt einzusteigen wäre im Vergleich dazu äußerst schwierig. Der Markt gilt zwar nach wie vor als Wachstumsmarkt, ist aber bereits sehr hart umkämpft.

Multiplikation
Erfolgreiche Unternehmen machen es vor. Einmal entdeckte interessante Geschäftsaktivitäten werden nicht nur für einen Bedarfsfall angewandt, sondern multipliziert – so oft wie möglich. Von Multiplikation spricht man dann, wenn Aktivitäten zur Erschließung eines Nutzenpotenzials wiederholt und systematisch angewandt werden. Die bekannteste Form ist die Multiplikation von Produktionsprozessen. Durch Multiplikation kann der Stückpreis gesenkt werden und dem Unternehmen beim Aufbau einer strategischen Erfolgsposition (in diesem Fall im Bereich der Verkaufspreise) helfen.

Neben Produktionsprozessen können aber auch andere Geschäftsprozesse multipliziert werden. So multipliziert die Firma Porsche zum Beispiel ihren Forschungs- und Entwicklungsprozess, indem Sie optimierte Forschungs- und Entwicklungsarbeit (Lean Management) nicht nur für die eigene Marke, sondern auch für konkurrierende Marken und andere Branchen als Beratungsleistung anbietet.

In anderen Fällen werden komplette Systeme multipliziert. Unternehmen wie Starbucks oder McDonald's zum Beispiel multiplizieren ihr komplettes Frontsystem. Der Starbucks-Cappuccino schmeckt und sieht überall auf der Welt gleich aus.

Bei der Entwicklung Ihrer strategischen Erfolgspositionen sollten Sie die Möglichkeit der Multiplikation nicht außer Acht lassen. Versuchen Sie, zu bewerten, ob die Tätigkeit zur Erschließung des Nutzenpotenzials multipliziert werden kann. Achten Sie dabei darauf, dass Sie Multiplikation nur dort anstreben, wo ein attraktives Nutzenpotenzial vorhanden ist (d. h. unter anderem das Nutzenpotenzial sollte sich in der Wachstumsphase befinden) und wo Fähigkeiten gefordert sind, die Sie zu Ihren Stärken zählen können. Schwimmen gegen den Strom ist in den seltensten Fällen eine gewinnbringende Idee! Haben Sie eine Möglichkeit zur Multiplikation entdeckt, kann Ihnen das entscheidend helfen, daraus eine strategische Erfolgsposition zu erarbeiten!

Nutzenpotenziale erkennen – das Vorgehen

Ich bin mir sicher, Sie haben nun eine Reihe von Nutzenpotenzialen entdeckt, die auch für Ihr Unternehmen interessant sein könnten. Um nun sicherzugehen, dass Sie die interessanten von den profitablen Nutzenpotenzialen unterscheiden können, habe ich nachfolgendes Arbeitsblatt 6.1 entwickelt (siehe Abb. 3.11). Gehen Sie wie folgt vor:

1. Sammeln Sie die für Ihr Unternehmen relevanten Nutzenpotenziale. Nehmen Sie sich die nachfolgend angeführte Liste zu Hilfe.
2. Bewerten Sie die ausgewählten Nutzenpotenziale auf einer Skala von 1 = nicht vorhanden bis 10 = sehr dominant vorhanden.
3. Benennen und beschreiben Sie in einem nächsten Schritt die fünf aus Ihrer Sicht ausgeprägtesten Nutzenpotenziale.

Mit voller Kraft voraus – vom Nutzenpotenzial zum SEP

Dass strategische Erfolgspositionen nicht von selbst entstehen, selbst wenn man in der glücklichen Lage war, ein Nutzenpotenzial in seiner Wachstumsphase zu erkennen, zeigt auch die Geschichte der Firma Biketech. Nachdem das Unternehmen das Nutzenpotenzial für sich entdeckt hatte und feststellte, dass es die Fähigkeiten besaß, dieses Potenzial zugunsten seiner Kunden zu erschließen, nämlich E-Bikes in hoher Qualität und zu einem erschwinglichen Preis zu produzieren, handelte das Unternehmen strategisch. Es errichtete das erste ausschließlich auf die Produktion von E-Bikes konzipierte Werk Europas. Das Unternehmen konzentrierte damit seine Kräfte auf die Erschließung dieses Nutzenpotenzials und sicherte ausreichend Ressourcen, um eine Spitzenstellung auf dem E-Bike-Markt zu erlangen. Dadurch konnte sich das Unternehmen eine strategische Erfolgsposition erarbeiten.

Schafft es ein Unternehmen, sich durch diese konsequente Konzentration der Kräfte und Ressourcen eine Marktführerschaft zu erarbeiten, ist die permanente Pflege der SEP notwendig. Pflege meint hier insbesondere die Weiterentwicklung seiner Fähigkeiten zur Sicherung seines Wettbewerbsvorteils. Wird dies vernachlässigt, können neue Wettbewerber oder Billiganbieter diesen Vorteil sehr schnell untergraben.

Erarbeitung von SEP – das Vorgehen

Im zweiten Schritt sind Sie nun aufgefordert, die strategischen Erfolgspositionen für Ihr Unternehmen zu erarbeiten. Nachfolgendes Arbeitsblatt 6.2 unterstützt Sie dabei (siehe Abb. 3.12):

ARBEITSBLATT 6.1

NUTZENPOTENTIALE ERKENNEN (SCHRITT 6)

URSFREY
SPEAKER & BUSINESS EXPERT

DATUM: 14.02.16 VERSION: 1

Bewerten Sie auf einer Skala von 1 = nicht vorhanden bis 10 = sehr dominant vorhanden, die nachfolgenden Nutzenpotentiale.

Externes Nutzenpotential		Bewertung	Internes Nutzenpotential		Bewertung
ENP1	Externes Humanpotential	4	INP1	Human- und Wissenspotential	8
ENP2	Imagepotential	7	INP2	Unternehmerisches Wissenspotential	6
ENP3	E-Business-Potential	3	INP3	Organisatorisches Potential	4
ENP4	Kooperationspotential	5	INP4	Standortpotential	6
ENP5	Marktpotential	3			
ENP6	Ökologiepotential	4			
ENP7	Technologiepotential	3			

Beschreiben Sie nun kurz die fünf ausgeprägtesten Nutzenpotentiale Ihres Unternehmens

Nutzenpotential 1:	INP1 - Human- und Wissenspotential
Beschreibung:	Langjährig, bestens ausgebildete, loyale Mitarbeiter garantieren uns Know-how Vorteile bei der Weiterentwicklung unserer Produkte und Dienstleistungen, wie auch bei der Innovation neuer Leistungen.

Nutzenpotential 2:	ENP2 - Imagepotential
Beschreibung:	Wir blicken auf eine 80jährige Firmentradition zurück. Unser Unternehmen genießt innerhalb der Branche einen hervorragenden Ruf als etablierter, geschätzter und zuverlässiger Partner für viele namhafte Kunden.

Nutzenpotential 3:	INP2 - Unternehmerisches Wissenspotential
Beschreibung:	Wir haben in den vergangenen fünf Jahren zunehmend Entwicklungsarbeit für unsere Kunden und teilweise auch für Drittfirmen geleistet. Dadurch hat sich unsere F&E-Abteilung zu einem wertvollen Know-how-Träger positioniert. Die Ergebnisse werden weit über unser Wirkungsfeld hinaus geschätzt und nachgefragt.

Nutzenpotential 4:	INP4 - Standortpotential
Beschreibung:	Unser Firmenstandort in der Nähe einer international führenden Ausbildungsstätte garantiert uns eine einfache und unkomplizierte Zusammenarbeit mit Universitäten und Forschungsstellen. Weiter haben wir so die Möglichkeit jungen Mitarbeitenden eine erste gute Einstiegsmöglichkeit in eine spannende wirtschaftliche Zukunft zu geben.

Nutzenpotential 5:	ENP4 - Kooperationspotential
Beschreibung:	Es ist uns in den letzten zwanzig Jahren mehrfach gelungen, dank Kooperationen mit Forschern anderer Institutionen, sowie F&E-Abteilungen anderer Unternehmen projektbasierte Kooperationen einzugehen, die mehrheitlich erfolgreich waren.

Abb. 3.11 Arbeitsblatt 6.1– Nutzenpotenziale erkennen (Schritt 6). (Eigene Darstellung)

ARBEITSBLATT 6.2

SUCHE NACH STRATEGISCHEN ERFOLGSPOSITIONEN (SCHRITT 6)

URSFREY
SPEAKER & BUSINESS EXPERT

DATUM: 14.02.16 VERSION: 1

Nutzenpotential 1: INP1 - Human- und Wissenspotential

Multiplikationsmöglichkeit (Das Nutzenpotential können wir multiplizieren, durch ...)

Produktinnovation und Weiterentwicklung bestehender Leistungen

Daraus resultiert folgender Kundennutzen…

Wir etablieren uns als führender Anbieter von bedarfsgerechten, innovativen Produkten.

Nutzenpotential 2: ENP2 - Imagepotential

Multiplikationsmöglichkeit (Das Nutzenpotential können wir multiplizieren, durch ...)

Eine gezielte Kommunikationskampagne

Daraus resultiert folgender Kundennutzen…

Wir positionieren uns zusammen mit ausgewählten Schlüsselkunden und erhöhen dadurch unseren Bekanntheitsgrad bei unseren Zielbranchen.

Nutzenpotential 3: INP2 - Unternehmerisches Wissenspotential

Multiplikationsmöglichkeit (Das Nutzenpotential können wir multiplizieren, durch ...)

Die Übernahme von Entwicklungstätigkeiten unserer Kunden und den Ausbau unserer F&E-Leistungen für Drittunternehmen.

Daraus resultiert folgender Kundennutzen…

Wir werden zu einem gefragten Entwicklungspartner innerhalb unserer Branche und können so einfacher Top-Mitarbeiter anwerben und halten.

Nutzenpotential 4: INP4 - Standortpotential

Multiplikationsmöglichkeit (Das Nutzenpotential können wir multiplizieren, durch ...)

Eine gezielte Zusammenarbeit mit den lokalen Ausbildungsstätten für Forschungsprojekte und Diplomarbeiten.

Daraus resultiert folgender Kundennutzen…

Wir arbeiten früh mit ausgewählten potentiellen Mitarbeitern zusammen und können diese für unsere Unternehmen begeistern.

Nutzenpotential 5: ENP4 - Kooperationspotential

Multiplikationsmöglichkeit (Das Nutzenpotential können wir multiplizieren, durch ...)

Vermehrtes Eingehen von internationalen Kooperationen.

Daraus resultiert folgender Kundennutzen…

Wir können so unsere Zielmärkte indirekt mit unseren internationalen Forschungspartnerschaften erschließen und Projekte vor Ort abwickeln ohne großen Initialaufwand.

Abb. 3.12 Arbeitsblatt 6.2 – Suche nach strategischen Erfolgspositionen (SEP) (Schritt 6). (Eigene Darstellung)

1. Listen Sie die mit Hilfe des Arbeitsblattes 6.1 identifizierten Nutzenpotenziale für Ihr Unternehmen auf.
2. Überlegen Sie, ob für die jeweiligen Nutzenpotenziale eine Multiplikationsmöglichkeit besteht und beschreiben Sie diese.
3. Beschreiben Sie außerdem den konkreten Kundennutzen, den Sie mit diesem Nutzenpotenzial erzielen könnten.
4. Entscheiden Sie nun, aus welchen der identifizierten Nutzenpotenziale Sie für Ihr Unternehmen eine strategische Erfolgsposition (SEP) entwickeln könnten. Formulieren Sie Ihre strategischen Erfolgspositionen und tragen Sie diese in das Arbeitsblatt 6.3 ein.

Überprüfung von SEP – das Vorgehen
In einem letzten Schritt fordere ich Sie auf, die entwickelten strategischen Erfolgspositionen noch einmal genau unter die Lupe zu nehmen. Dadurch stellen Sie sicher, dass Sie wirklich auf die richtigen Pferde setzen. Arbeitsblatt 6.3 hilft Ihnen dabei (siehe Abb. 3.13).

1. Bewerten Sie Ihre SEP anhand nachfolgender Kriterien: Einzigartigkeit, schwere Nachahmbarkeit, Realisierbarkeit, hoher Kundennutzen und Beitrag zum Cashflow. Verwenden Sie eine Skala von 1 = ausgezeichnet bis 6 = schlecht.
2. Addieren Sie die vergebenen Punkte für Ihre SEP. Die strategische Erfolgsposition mit der kleinsten Summe ist Ihre wichtigste!

Tipps

- ✓ Haben Sie Vertrauen in Ihre unternehmerischen Fähigkeiten! SEP finden Sie vor allem dort, wo Sie in den vergangenen Jahren Ihre Ressourcen gezielt investiert haben.
- ✓ Häufig sind es Kunden, die Sie auf Ihre einzigartigen Vorteile hinweisen können. Vertrauen Sie daher auf das Feedback Ihrer Kunden! Insbesondere KMU zeichnen sich häufig durch einen intensiven, sehr persönlichen Kundenkontakt aus. Nutzen Sie diesen und profitieren Sie in Ihrer Strategiearbeit davon!
- ✓ In KMU ist es durchaus üblich, dass Sie nur zwei oder drei SEP eruieren können.

ARBEITSBLATT 6.3

ÜBERPRÜFUNG DER SEP (SCHRITT 6)

URSFREY
SPEAKER & BUSINESS EXPERT

DATUM: 14.02.16 VERSION: 1

Bewerten Sie den subjektiv empfundenen Erfüllungsgrad des jeweiligen Kriteriums nach folgender Skala:
1 = ausgezeichnet, 2 = sehr gut, 3 = gut, 4 = genügend, 5 = ungenügend, 6 = schlecht

Strategische Erfolgspositionen (= SEP)		Kriterium: Einzigartigkeit	Kriterium: Schwere Nachahmbarkeit	Kriterium: Realisierbarkeit	Kriterium: Hoher Kundennutzen	Kriterium: Beitrag zum Cash Flow	Bewertung	Rang
SEP 1 (= Nutzenpotential 1)								
Beschreibung SEP 1	Wir haben die Fähigkeit, durch langjährige, hoch qualifizierte Mitarbeiter unser Wissen stetig weiterzuentwickeln und dadurch für den Kunden optimale Lösungen anzubieten.	3	2	1	2	3	11	2.
SEP 2 (= Nutzenpotential 2)								
Beschreibung SEP 2	Wir haben die Fähigkeit, durch unsere zahlreichen namhaften Referenzprojekte sowie die teilweise jahrelange, gute Zusammenarbeit mit ausgewählten Schlüsselkunden die Kundenbedürfnisse schneller und besser als die Konkurrenz zu erkennen und unsere Lösungen schneller den Marktbedürfnissen anzupassen.	4	3	1	2	2	12	3.
SEP 3 (= Nutzenpotential 3)								
Beschreibung SEP 3	Wir haben die Fähigkeit, durch laufende Innovationen schneller als die Konkurrenz neue überlegene Produkte auf den Markt zu bringen.	2	2	1	1	2	8	1.
SEP 4 (= Nutzenpotential 4)								
Beschreibung SEP 4	Wir haben die Fähigkeit, überlegene Beschaffungsquellen für Mitarbeitende zu erschließen, indem wir durch unsere Tätigkeiten und durch unseren Standort (in der Nähe der führenden Ausbildungsstätte) in der Lage sind, junge Mitarbeitende für unser Unternehmen zu begeistern und an unser Unternehmen zu binden.	4	6	2	3	5	20	5.
SEP 5 (= Nutzenpotential 5)								
Beschreibung SEP 5	Wir haben die Fähigkeit, durch unser Kooperationspotential ausgesuchte Märkte schneller und kostengünstiger als unsere Konkurrenz zu erschließen.	3	3	2	2	4	14	4.

Abb. 3.13 Arbeitsblatt 6.3 – Überprüfung strategischer Erfolgspositionen (SEP) (Schritt 6). (Eigene Darstellung)

✓ Kein blindes Vertrauen in Ihre SEP! Einmal identifizierte SEP müssen in der Folge durch gezielte Pflege beibehalten und womöglich ausgebaut werden.

3.7 Schritt 7: Strategische Geschäftsfelder positionieren

Angekommen in Schritt 7 haben Sie Ihren Blick für Ihr Unternehmen ganz bestimmt schon beträchtlich erweitert! Abgesehen von einer Analyse Ihres Unternehmens – Sie haben Ihre Stärken und Schwächen neu entdeckt, sich Ihre Unternehmenswerte bewusstgemacht und Ihre Vision diskutiert – haben Sie auch Ihr Unternehmensumfeld genau unter die Lupe genommen: Ihre Umwelten, Ihre Konkurrenten, Ihren Wettbewerb – nichts blieb Ihrem prüfenden Auge verborgen. Im letzten Schritt widmen wir uns noch einmal Ihrem Unternehmensumfeld mit dem Ziel, dort relevante strategische Geschäftsfelder für Ihr Unternehmen zu identifizieren.

► **Strategische Geschäftsfelder**

- ermöglichen Wachstum und können Ihnen helfen, die Rentabilität Ihres Unternehmens spürbar zu steigern.
- helfen Ihnen bei der strategischen Positionierung Ihres Unternehmens und können wesentlich dazu beitragen, den Erfolg Ihres Unternehmens langfristig zu sichern.
- müssen allerdings entdeckt und genau analysiert werden. Auf die falschen Pferde zu setzen, kann existenzielle Folgen haben!
- müssen professionell bearbeitet werden: den festgelegte Zielen sind Maßnahmen, Zuständigkeiten und Termine zuzuordnen.

Strategische Geschäftsfelder (SGF)
Ein strategisches Geschäftsfeld ist ein möglichst isolierter Ausschnitt aus dem Betätigungsfeld eines Unternehmens. Es entsteht durch einen Abgrenzungsprozess, der das Ziel hat, möglichst homogene Produkt-/Markt-Kombinationen zu identifizieren. Als homogen sind Produkt-/Markt-Kombinationen dann zu bezeichnen, wenn sie Gemeinsamkeiten wie beispielsweise gleiche Abnehmer, Konkurrenten,

Vertriebskanäle, Produktionstechnologien oder Lieferanten aufweisen. Die Homogenität eines Marktausschnittes ist insofern relevant, als dass für diesen Ausschnitt eigenständige Strategien entwickelt werden, die den gesamten Marktausschnitt abdecken und eigenständige Ertragsaussichten aufweisen sollen. Zudem wird die Führbarkeit im Sinne der Zuständigkeit einer Person im Unternehmen für ein SGF deutlich verbessert. Mit einem Verantwortlichen bekommt das SGF ein „Gesicht", jemanden, der sich darin auskennt, der die Kunden, die Bedürfnisse und Anliegen ernst nimmt und sich darum kümmert, Lösungen zu erarbeiten.

Die Suche nach strategischen Geschäftsfeldern soll Teil jeder Strategiearbeit sein. Nur allzu oft verharren Unternehmen innerhalb ihrer selbst gesteckten Möglichkeiten und tun das, was sie schon immer machten. Dieses Verhalten, das noch vor einigen Jahren als „Zufriedenheit" beschrieben wurde, kann in dynamischen Zeiten mit zunehmend internationaler Konkurrenz und rasantem technologischem Wachstum zum Verhängnis werden. Ökonomen predigen es schon lange und erfolgreiche Unternehmen machen es vor: Über die engen Grenzen seines angestammten Geschäfts hinauszudenken, kann über den Erfolg eines Unternehmens entscheiden. Zudem liegen strategische Geschäftsfelder häufig zum Greifen nahe – einzig und allein aufgrund der engen Sichtweise des Managements bleiben sie oft ungenutzt.

Damit Ihnen das ganz bestimmt nicht passiert, habe ich Schritt 7 für Sie entwickelt. Identifizieren Sie mit mir gemeinsam Ihre strategischen Geschäftsfelder, prüfen Sie diese genau und definieren Sie die wirklich interessanten Ziele und Maßnahmen.

Die Bildung von strategischen Geschäftsfeldern

Auf Ihrem Weg zu Ihren strategischen Geschäftsfeldern haben Sie gleich zu Beginn eine große Hürde zu bewältigen. Die Bildung von strategischen Geschäftsfeldern stellt Unternehmen insofern vor eine Herausforderung, als dass die Vielfalt der externen Bedingungen es scheinbar notwendig macht, das Unternehmensumfeld möglichst kleinräumig aufzuteilen, die Wechselwirkungen zwischen den einzelnen Bereichen (Marktsegmente) hingegen veranlassen dazu, möglichst wenige einzelne Ausschnitte zu formen. Leider ist dieser Balanceakt in jedem individuellen Fall zu bewältigen. Die einzige konkrete Anleitung, die ich Ihnen dazu anbieten kann, ist der Hinweis, dass es aufgrund von Übersichtlichkeit und Umsetzbarkeit in einem KMU idealerweise nicht mehr als fünf bis sieben Geschäftsfelder sein sollten.

Zentrale Kriterien für die Abgrenzung von Geschäftsfeldern sind die Dimensionen Kunden(gruppen), Produkte, und Dienstleistungen, Wettbewerber und verwendete Ressourcen beziehungsweise Technogien. Für KMU empfehlenswert ist der Inside-out-Ansatz zur Bildung ihrer strategischen Geschäftsfelder. Diese Vorgehensweise basiert auf der Annahme, dass jedes Geschäft, jedes Produkt und jede Dienstleistung eines Unternehmens seinen entsprechenden Marktausschnitt/seine spezifische Kundengruppe hat. So bedient beispielsweise eine Bäckerei, die neben herkömmlichem Brot auch noch eine Bio-Vollkornpalette anbietet, mindestens zwei Marktsegmente: eines mit einer Kundengruppe, die herkömmliches Brot bevorzugt, preissensibel ist und womöglich keine besonderen Ansprüche an Qualität stellt. Dieses Marktsegment ist eventuell durch einen hohen Konkurrenzdruck geprägt und generiert 60 % des Gesamtumsatzes. Das zweite Marktsegment ist weniger hart umkämpft, da nur wenige Bäckereien des Einzugsgebietes Brot in Bio-Vollkornqualität herstellen können. Die Kundengruppe ist relativ homogen, geprägt durch hohes Qualitätsbewusstsein und die Bereitschaft, deutlich höhere Preise zu bezahlen.

Um diese Produkt-Markt-Kombinationen sichtbar zu machen, bedienen sich Unternehmen einer Produkt-Markt-Matrix. Dafür werden die Produkte oder Dienstleistungen eines Unternehmens auf der einen Achse und die bedienten Märkte auf der anderen Achse gelistet. Für unser Beispiel, die Bäckerei, könnte eine Produkt-Markt-Matrix beispielsweise wie folgt aussehen (siehe Abb. 3.14).

MÄRKTE / PRODUKTE	KUNDENGRUPPE 1 DETAILHANDEL	KUNDENGRUPPE 2 HOTELLERIE	KUNDENGRUPPE 3 LADENKUNDE	KUNDENGRUPPE 4 GASTRONOMIE
WEISSBROT				
BIO-VOLLKORN-BROT				
SÜSSGEBÄCK				
SALZGEBÄCK				
KUCHEN				
...				

Abb. 3.14 Eine beispielhafte Produkt-Markt-Matrix einer Bäckerei. (Eigene Darstellung)

In einem nächsten Schritt, müssen die Geschäftsfelder in möglichst homogene Produkt-Markt-Kombinationen zusammengefasst werden. Dafür sind nachfolgende Fragen hilfreich:

- Welche Produkt-Markt-Kombinationen haben ähnliche Wachstums- oder Erfolgsaussichten?
- Welche Produkt-Markt-Kombinationen haben ähnliche Chancen, beziehungsweise könnten auf ähnliche Turbulenzen stoßen?
- Welche Produkt-Markt-Kombinationen haben ähnliche Vertriebskanäle?
- Welche Produkt-Markt-Kombinationen greifen auf ähnliche Ressourcen zurück?

Wie in Abb. 3.15 dargestellt, könnten für unsere Bäckerei beispielsweise folgende strategische Geschäftsfelder (beispielsweise SGF 1 „Detailhandel", SGF 2 „Ladenkunde" und SGF 3 „Süßgebäck" und SGF 4 „Kuchen") identifiziert werden.

Die Inside-out-Methode ist die eine relativ einfache Form, um seine strategischen Geschäftsfelder zu identifizieren. Der große Nachteil dieser Methode liegt im Potenzial zur strategischen Kurzsichtigkeit. Da man sich bei der Analyse sei-

MÄRKTE / PRODUKTE	KUNDENGRUPPE 1 DETAILHANDEL	KUNDENGRUPPE 2 HOTELLERIE	KUNDENGRUPPE 3 LADENKUNDE	KUNDENGRUPPE 4 GASTRONOMIE
WEISSBROT	X		X	
BIO-VOLLKORN-BROT	X		X	
SÜSSGEBÄCK	X	X	X	
SALZGEBÄCK	X		X	
KUCHEN		X	X	X
...				

Abb. 3.15 Geschäftsfeldabgrenzung nach der Inside-out-Methode. (Eigene Darstellung)

nes Unternehmensumfeldes auf die bestehenden Märkte beschränkt, werden neue Kundenbedürfnisse oder Märkte und auch Veränderungen im Markt nicht berücksichtigt.

Um dieses Problem abzufedern, empfiehlt die Literatur die Outside-in-Methode, eine Vorgehensweise, die Geschäftsfelder nach marktorientierten Gesichtspunkten (Kundenbedürfnissen) und nicht nach bereits vorhandenen Produkten und Märkten abgrenzt. Ist die Methode auch durchaus sinnvoll, ist sie meines Erachtens für die Strategieentwicklung in KMU zu aufwändig. Um die marktorientierte Betrachtungsweise jedoch nicht völlig außen vor zu lassen, empfehle ich bei Bedarf, die Produkt-Markt-Matrix um je eine noch nicht vorhandene, aber potenziell interessante Kunden- und/oder Produkt-/Dienstleistungsgruppe zu erweitern.

Die Bildung von strategischen Geschäftsfeldern – das Vorgehen

1. Nehmen Sie das Arbeitsblatt 7.1 zur Hand (siehe Abb. 3.16). Tragen Sie Ihre fünf umsatzstärksten Produkt- oder Dienstleistungsgruppen in absteigender Reihenfolge in die vorgesehenen Felder ein.
2. Machen Sie dasselbe bezüglich Ihren wichtigsten Kunden(gruppen).
3. Falls Sie nach Märkten strukturiert sind, gliedern Sie Ihren Umsatz in die relevanten Märkte nach demselben Raster.
4. Fügen Sie nach Möglichkeit eine Kunden- oder Produktgruppe hinzu, die bis dato noch nicht besteht, jedoch künftig für Ihr Unternehmen interessant sein könnte.
5. Versuchen Sie nun, im vordefinierten Matrixraster mit einem X zu kennzeichnen, mit welcher Produkt- beziehungsweise Dienstleistungsgruppe Sie welche Kundengruppen bedienen.
6. In einem letzten Schritt versuchen Sie zu identifizieren, welche Produkt-Markt-Kombinationen (strategische Geschäftsfelder) ähnliche Eigenschaften aufweisen. Nehmen Sie sich die eingangs angeführten Fragen zu Hilfe.
7. Nummerieren Sie Ihre strategischen Geschäftsfelder mit fortlaufenden Zahlen.

Tipps

✓ Versuchen Sie hier konkrete Umsatzangaben bestmöglich zu verwenden. In der Regel sind zumindest die Vorjahreszahlen verfügbar.

ARBEITSBLATT 7.1

BILDUNG VON SGF (SCHRITT 7)

URSFREY
SPEAKER & BUSINESS EXPERT

DATUM: 14.02.16 VERSION: 1

Produkte		
Angaben nach Umsatzvolumen (in 1'000er; IST-Volumen Vorjahr)		
Nr.	Beschreibung	Umsatz
1	Maschine Typ A	5.675
2	Maschine Typ B	4.325
3	Maschine Typ C	2.500
4	Maschine Typ D	500
	Total Produkteumsatz	13.000

Dienstleistungen		
Angaben nach Umsatzvolumen (in 1'000er; IST-Volumen Vorjahr)		
Nr.	Beschreibung	Umsatz
1	Projektleistungen	275
2	Serviceverträge	225
3	Montageservice	100
	Total Dienstleistungsumsatz	600

Kunden(gruppen)		
Angaben nach Umsatzvolumen (in 1'000er; IST-Volumen Vorjahr)		
Nr.	Beschreibung	Umsatz
1	Branche A	3.500
2	Branche B	3.000
3	Branche C	2.750
4	Grosshandel	2.500
5	Diverse	1.850
	Total Kundenumsatz	13.600

Abb. 3.16 Arbeitsblatt 7.1 – Bildung von strategischen Geschäftsfeldern (SGF) (Schritt 7). (Eigene Darstellung)

ARBEITSBLATT 7.2

POSITIONIERUNG DER SGF (SCHRITT 7)

URSFREY

SPEAKER & BUSINESS EXPERT

DATUM: 14.02.16 VERSION: 1

Nennen und beschreiben Sie Ihre strategischen Geschäftsfelder, die künftigen Ziele und kategorisieren Sie die dazugehörigen Kunden(gruppen) nach folgendem Schema:

Strategisches Geschäftsfeld: SGF 1 - Maschine Typ A

Beschreibung (Allgemeine Bemerkungen, Besonderes, Umsatz, etc.)

Die Maschine Typ A eignet sich bis anhin hervorragend für den Einsatz in der Pharmabranche, der Kosmetik- sowie der Lebensmitte lindustrie. Die Maschine ist robust und eignet sich dadurch für zahlreiche Einsatzgebiete innerhalb dieser Branche. Viele Schlüsselkunden verfügen über mehrere dieser Maschinen, teilweise noch aus der ersten Generation. Die Wachstumschancen sind intakt. Wir gehören zu den führenden Anbietern dieser Maschinen in Europa.
Umsatz (2015): FX 5.675.000 Mio. leichter Zuwachs gegenüber 2014: FX 5.050.000 Mio.

Ziele für das Strategische Geschäftsfeld (= Positionierungs - Matrix)

Priorität	Ziel - Nr.	Beschreibung des Ziels
(neu) aufbauen	1	Intranet für bestehende und neue Kunden
	2	Schulungsangebote an neuem Standort
	3	Einsatz bei Futtermittelhersteller für Maschine Typ A prüfen
(stark) fördern	4	Garantieverträge Typ Platin und Gold gezielt forcieren
	5	Standardisierung und Austausch von länderübergreifenden Mängelprotokollen der Montageequipen
	6	frühzeitige Kontaktaufnahme mit bestehenden Kunden bei geplanten Weiterentwicklungen
halten	7	Kunden im bisherigem Umfang
	8	Bestehendes Garantievolumen bei Ablauf erneuern
abbauen	9	Beantwortung aufwendiger Anfragen ohne vorgängige Bedarfsprüfung unserseits

Kategorisierung der Kunden im SGF

Bedeutung	Kunde / Kundengruppe
Key	Pharmaindustrie DACH-Raum
A	Pharmaindustrie USA
B	Kosmetikindustrie
C	Lebensmittelindustrie
Pot.	Futtermittelhersteller
Pot.	
Pot.	
Pot.	
Pot.	
Pot.	

Abb. 3.17 Arbeitsblatt 7.2 – Positionierung der strategischen Geschäftsfelder (Schritt 7). (Eigene Darstellung)

- ✓ Haben Sie den Mut, Ihre Informationen nach dem Motto „Lieber ungefähr richtig, als haargenau falsch" zusammenzufassen.
- ✓ Durch die Bildung von übergeordneten Gruppen bei den Kunden, den Produkten und den Märkten bekommen Sie eine etwas vom aktuellen Geschehen losgelöste Sicht auf Ihre Tätigkeiten. Dies ist mitunter ein Ziel der Geschäftsfeldbildung.
- ✓ In KMU werden die Geschäftsfelder meist eindimensional nach Produkten beziehungsweise Dienstleistungen, Marktsegmenten oder Regionen gebildet. In gewissen Fällen ist eine zweidimensionale Bildung auch machbar, wenn beispielsweise Technologien als weiteres Unterscheidungskriterium mit einbezogen werden sollen.
- ✓ Ziel der Geschäftsfeldbildung ist es, möglichst homogene Marktbereiche zu bilden, welche in sich gesondert, beispielsweise über unterschiedliche Kanäle und Botschaften etc., erfolgreich bearbeitet werden können.

Positionierung der strategischen Geschäftsfelder – das Vorgehen

Die erfolgreiche Segmentierung in strategische Geschäftsfelder ermöglicht nun den nächsten Schritt, zuerst eine für Dritte nachvollziehbare Beschreibung und anschließend eine gezielte Positionierung der im Arbeitsblatt 7.1 identifizierten Geschäftsfelder.

Dafür ist in einem ersten Schritt die Definition von Zielen wichtig. Was wollen Sie innerhalb dieses Geschäftsfelds erreichen? Welche Positionierung möchten Sie innerhalb dieses Geschäftsfeldes haben? Sehen Sie sich in der Kostenführerschaft? Oder möchten Sie die Marktführerschaft durch eine Innovation in diesem Geschäftsfeld erreichen?

Nachfolgend dargestellte Analyse beruht auf meinen Erfahrungen mit KMU und ermöglicht eine effiziente und schnelle Positionierung der strategischen Geschäftsfelder. Gehen Sie dazu wie folgt vor:

1. Tragen Sie die in Arbeitsblatt 7.1 gebildeten strategischen Geschäftsfelder in Arbeitsblatt 7.2 ein (siehe Abb. 3.17). Sie benötigen Arbeitsblatt 7.2 in mehrfacher Ausführung – eines pro strategisches Geschäftsfeld. Geben Sie den unterschiedlichen Geschäftsfeldern zuerst einen aussagekräftigen Namen.
2. Beschreiben Sie nun die einzelnen strategischen Geschäftsfelder möglichst prägnant, indem Sie beispielsweise Antworten, beziehungsweise Angaben zu den nachfolgenden Fragen in den dafür vorgesehenen Bereich notieren.

- Absoluter Umsatz und Anteil am Gesamtumsatz dieses Geschäftsfeldes?
- Bedienen Sie dieses Geschäftsfeld mit einer oder mehreren Ihrer Stärken beziehungsweise SEP?
- Wie ist Ihre Stellung in diesem Marktsegment gegenüber Ihrer Konkurrenz? Sind Sie dominant?
- Wie würden Sie die Stabilität (volatil, sehr stabil, Wechsel steht bevor etc.) des Marktsegments insgesamt einschätzen?
- Kann das Geschäftsfeld zu Ihrem langfristigen Erfolg beitragen?

3. Positionieren Sie nun Ihre Geschäftsfelder für die Zukunft, indem Sie konkrete Ziele für die nachfolgenden vier Bereiche in der Positionierungs-Matrix formulieren:
   - (neu) aufbauen,
   - (stark) fördern,
   - halten,
   - abbauen.

   Dabei können Sie eines oder mehrere Ziele pro Bereich nennen. Allenfalls gibt es auch kein Ziel in gewissen Feldern der Positionierungs-Matrix.
4. Abschließend nennen Sie die wichtigsten Kunden(gruppen) oder sogar einzelne Schlüsselkunden für Ihre strategischen Geschäftsfelder. Kategorisieren Sie Ihre Kunden nach Ihrer Bedeutung mit Key (= Schlüsselkunden), A, B, C oder potenzielle Kunden.

Zum Schluss geht es nun noch darum, die notwendigen Maßnahmen zum Erreichen der vorgängig definierten Ziele zu diskutieren, festzuhalten und zu priorisieren.

Maßnahmen zu Erreichung der definierten Ziele festlegen

Ziele werden dann umgesetzt, wenn Sie operationalisiert werden, das heißt, hinter jedem Ziel muss eine konkrete Maßnahme, ein Start- und ein Enddatum und eine verantwortliche Person stehen. Nehmen Sie sich das Arbeitsblatt 7.3 zur Hilfe und gehen Sie für die Umsetzung der Ziele in den einzelnen SGF nun abschließend wie folgt vor (siehe Abb. 3.18):

1. Formulieren Sie die notwendigen Maßnahmen pro SGF zur Umsetzung der dort formulierten Ziele und tragen Sie diese in das dafür vorgesehene Feld ein.
2. Geben sie den jeweiligen Maßnahmen ein Start- und ein Enddatum.
3. Bestimmen Sie pro Maßnahme eine zuständige Person für die Umsetzung.

ARBEITSBLATT 7.3
MASSNAHMENPLANUNG STRATEGIEUMSETZUNG (SCHRITT 7)

URSFREY
SPEAKER & BUSINESS EXPERT

DATUM: 14.02.16 VERSION: 1

Massnahmen zur Zielerreichung Bereich						
SGF	Ziel - Nr.	Beschreibung Massnahme	Projekt	Start	Ende	Wer
1	1	Aufbau einer passwortgeschützten Intranet-Lösung	1	30.06.16	31.12.16	WW
1	2	Prüfen der Möglichkeit eines Schulungsangebots im 1. Stock		31.05.16	31.08.16	FH
1	3	Bedarfsklärung bei ausgewählten Kunden (Futtermittelhersteller) durchführen	2	30.04.16	31.07.16	TW
1	3	Anpassungen an Maschine Typ A formulieren und Realisierbarkeit prüfen	2	31.08.16	30.11.16	UM
1	4	Garantie-Kampagne für Verträge Typ Platin und Gold ausarbeiten und an Zielkunden bestimmen		31.07.16	30.09.16	MN
1	5	Projekt Montageforen EU lancieren	3	31.03.16	31.07.16	UF
1	6	Anpassung der Prozessabläufe im Verkauf und in der Montage	4	30.09.16	31.12.16	UF
1	7	Kundenbindungsmassnahmen für Q2/2016 festlegen		30.06.16	31.07.16	MN
1	8	Analyse der laufenden Garantieverträge durchführen. Erneuerungsvolumen bestimmen und frühzeitig Kunden anprechen		15.04.16	31.12.16	MN
1	9	Ausarbeiten eines Fragenkatalogs zur Prüfung eingehender Kundenanfragen		15.04.16	30.06.16	MN

Abb. 3.18 Arbeitsblatt 7.3 – Maßnahmenplanung zur Strategieumsetzung (Schritt 7). (Eigene Darstellung)

4. Umfangreichere Vorhaben verlangen nach einer komplexeren Umsetzung. Kennzeichnen Sie diese Maßnahmen bitte mit einem „P“ (für Projekt) in der vorgesehenen Spalte.

Bei der Einteilung Ihrer Maßnahmen hilft Ihnen Abschn. 6.4.

Tipps

✓ Mit der Umsetzung der Maßnahmen entscheidet sich der Erfolg einer Strategie. Bevor sie damit beginnen, prüfen Sie die Übereinstimmung mit der Vision, dem Leitbild beziehungsweise der gelebten (bisherigen) Kultur.

✓ Weiter muss die Vereinbarkeit der Strategie mit den Erwartungen und Bedürfnissen der Mitarbeiter geklärt werden: Wie setzen wir die ausformulierten Ziele in den Arbeitsalltag um?

✓ Die Motivation der Mitarbeiter steht bei der Umsetzung an erster Stelle. Hinterfragen Sie bei Bedenken der Mitarbeiter die Gründe dafür und vergessen Sie nicht, erste Erfolge der Strategie mit den Betroffenen symbolisch zu feiern.

Literatur

Ansoff, H. I. (1981). Die Bewältigung von Überraschungen und Diskontinuitäten – Strategische Reaktionen auf schwache Signale. In H. Steinmann (Hrsg.), *Planung und Kontrolle: Probleme der strategischen Unternehmensführung* (S. 233–264). München: Franz Vahlen.

Anwander, A. (2002). *Strategien erfolgreich verwirklichen: Wie aus Strategien echte Wettbewerbsvorteile werden.* (2. Aufl.). Berlin: Springer.

Hitt, M. A., Ireland, R. D., & Hoskisson, R. E. (1999). *Strategic Management – Competitiveness and Globalization.* (3. Aufl.). Cincinnati u. a.: South-Western College Publishing.

Lombriser, R. A., & Abplanalp, P. (2005). *Strategisches Management. Visionen entwickeln, Strategien umsetzen, Erfolgspotenziale aufbauen.* Zürich: Versus.

Porter, M. E. (2013). *Wettbewerbsstrategie. Methoden zur Analyse von Branchen und Konkurrenten.* Frankfurt.: Campus Verlag.

Pümpin, C., & Amann, W. (2005). *SEP. Strategische Erfolgspositionen. Kernkompetenzen aufbauen und umsetzen.* Bern: Haupt Verlag.

Rüegg-Stürm, J., & Grand, S. (2015). *Das St. Galler Management Modell*. Bern: Haupt Verlag AG.

Ulrich, H. (1968). *Die Unternehmung als produktives soziales System*. Bern: Haupt Verlag.

4 Auf dem Weg zu Neuem

Kennen Sie die sieben teuersten Wörter der Wirtschaft? „Wir haben es schon immer so gemacht!" Sie sind der Grund, dass Unternehmen von der Konkurrenz überholt, von der Technologie überrannt oder vom Kunden vergessen werden. „Wir haben es schon immer so gemacht" höre ich leider auch viel zu oft in KMU und insbesondere in traditionsbewussten Familienunternehmen. Dabei läge es mir fern, ein über Jahrzehnte aufgebautes positives Image, gesammeltes Know-how oder etablierte Strukturen als altmodisch abzutun. Diese Erfahrungen können und sollten Sie als unbedingten Wettbewerbsvorteil nutzen – sofern Sie die Augen vor den Veränderungen Ihrer Konkurrenz, dem Kaufverhalten Ihrer Kunden und technologischen Entwicklungen nicht verschließen. Denn wenn auch Sie den Kopf in den Sand stecken und sich mit „wir haben es immer schon so gemacht" beruhigen – Ihre Konkurrenz wird es nicht tun!

Und genau darum geht es in diesem Kapitel. Wir haben im vorigen Kapitel gelernt, dass es einem ganzheitlichen Blick auf das Unternehmen mit seinen Stärken, Schwächen, Zielen, Werten und Potenzialen bedarf, um eine umsetzbare und zielführende Strategie entwickeln zu können. Ebenso wichtig ist der Blick über die Unternehmensgrenzen hinaus – die relevanten Umwelten, die Konkurrenten, der Wettbewerb und die jeweilige Branche. Was nützt einem Unternehmen die neu erworbene Anlage, mit der nun auch spezielle CNC-gefräste Komponenten für Maschinen hergestellt werden können, wenn diese die Konkurrenz bereits seit Jahren anbietet? Welchen Vorteil hat ein Unternehmen, wenn es immer noch mehr neue Produkte auf den Markt bringt, wenn sowohl die Nachfrage stark rückläufig ist und auch die Gesetzgebung gewisse Produktvarianten in absehbarer Zeit verbietet? Gegenwärtige technologische (Internet), gesellschaftliche (interessierte und informierte Konsumenten, die Vergleiche anstellen) und wirtschaftliche (Globalisierung) Entwicklungen verstärken die Notwendigkeit für diese Offenheit exponentiell und machen die Fähigkeit, auf den Markt reagieren zu können und sich entsprechend zu positionieren, zum zentralen Wettbewerbsvorteil.

U. Frey, *Vertrauen durch Strategie*, DOI 10.1007/978-3-658-12940-8_4

Den Blick über die Unternehmensgrenzen hinaus zu wagen und die Entwicklungen als gegeben ernst zu nehmen, hat viel mit Vertrauen zu tun. Mit Vertrauen in Ihre Fähigkeiten als Analyst, Ihre Umwelt, Ihre Konkurrenten und Ihren Wettbewerb in den Schritten 2 und 3 aus Kap. 3 richtig eingeschätzt zu haben. Vor allem aber mit dem Vertrauen, dass Sie mehr können, als Dinge weiterhin so zu machen, wie Sie sie immer schon gemacht haben. Nutzen Sie diese Strategiearbeit, sich Ihrer Stärken und Schwächen gezielt bewusst zu werden und Ihre Kompetenz nicht nur als produzierendes Unternehmen oder Dienstleister, sondern auch als strategisches intelligentes Unternehmen weiter auszubauen. Arbeiten sie nicht härter und mehr, sondern primär intelligenter. Dieses Kapitel kann Sie dabei unterstützen!

Dieses Kapitel zeigt Ihnen

- wie Sie mit einer gut gewählten Wettbewerbsstrategie Ihrer Konkurrenz mehr als nur Paroli bieten können.
- welche Wettbewerbsstrategien für KMU wirklich empfehlenswert sind.
- dass womöglich ungeahnte Potenziale zu Ihren Füßen liegen und wie Sie diese finden können.
- wie Sie mit einer Adaption und/oder Rekonfiguration Ihres Geschäftsmodells eine gewinnbringende Positionierung erreichen können.

4.1 Positionierung durch eine Wettbewerbsstrategie

> Bei einer Wettbewerbsstrategie geht es darum, anders zu sein. Und das bedeutet, bewusst eine unübliche Anzahl von Tätigkeiten zu wählen, die eine einzigartige Mischung an Werten verheißen. (Michael E. Porter, Wettbewerbsstrategie; Porter 2013)

Der anerkannte Ökonom Michael Porter nimmt allen „Wir haben es schon immer so gemacht"-Argumenten mit seiner Erklärung zur Wettbewerbsstrategie den Wind aus den Segeln. Es ginge darum, „anders zu sein", „bewusst" zu wählen und eine „einzigartige Mischung" aus Werten anzustreben. Eine Wettbewerbsstrategie braucht demnach aktives, intelligentes Unternehmertum. Es braucht eine Unternehmensleitung, die über die Grenzen des eigenen Unternehmens hinausblickt, Entwicklungen im besten Fall voraussieht, aber in jedem Fall ernst nimmt und die Dinge tut, die die Nachfrage und die Effizienz steigern und das nicht, weil sie immer schon gemacht wurden. Kümmert man sich nicht selbst um seine Positionierung, dann tut es die Konkurrenz für einen! Diese Unternehmen verlieren schnell an Einfluss und Marktanteil. Heutzutage wird man als etabliertes Unternehmen oft sehr schnell durch neue Unternehmen mit höchst innovativen Wettbewerbsstrategien überholt. Das gilt auch und gerade für KMU!

Eine umfassende Analyse der Branche beziehungsweise des Wettbewerbs ist für Unternehmen insbesondere in der Gründungsphase interessant (vgl. hier die Wettbewerbsanalyse nach Porter in Abschn. 3.3). Allerdings ist es Unternehmen sehr zu empfehlen, den Wettbewerb auch nach der Gründungsphase nicht aus den Augen zu verlieren. Dies kann im Rahmen der regelmäßigen Strategiearbeit (ca. alle drei bis fünf Jahre) passieren. Unternehmen tendieren aber oft dazu, sich auf der einmal gewählten Strategie auszuruhen und erst dann wieder aktiv zu werden, wenn Konkurrenten bereits ein Substitutionsprodukt entwickelt haben und kostengünstiger anbieten, neue technologische Entwicklungen das Produkt obsolet werden lassen oder wichtige Lieferanten ihre Preise empfindlich erhöhen. Mehr desselben ist bei einer einmal gewählten Strategie nur dann erfolgreich, wenn die Märkte und die Marktteilnehmer stabil bleiben. Wenn sich aber die Umwelt verändert, müssen Sie sich auch anpassen. Dann ist echte Veränderung durch eine neue Wettbewerbsstrategie gefragt.

Es gibt unterschiedliche Strategien, auf den Wettbewerb zu reagieren. Der oben zitierte Michael E. Porter sieht drei wesentliche Strategietypen:

- die umfassende Kostenführerschaft,
- die Konzentration auf Schwerpunkte und
- die Differenzierung oder Qualitätsführerschaft.

Eine **Kostenführerschaft** zielt, wie der Name verrät, darauf ab, einen umfassenden Kostenvorsprung innerhalb der Anbieter einer Branche zu erlangen. Dies erfordert eine Reihe von Maßnahmen, wie zum Beispiel den Aufbau von Produktionsanlagen effizienter Größe, Kostenminimierung in Bereichen wie Service, Werbung etc. Eine Kostenführerschaft ist dadurch für KMU in den meisten Fällen keine praktikable und erfolgversprechende Wettbewerbsstrategie.

KMU verfolgen im Regelfall eine Nischenstrategie (**Konzentration auf Schwerpunkte** nach Porter). Sie konzentrieren sich auf eine Marktnische. Diese Nische kann sowohl hinsichtlich der Abnehmergruppe (z. B. Zahnbehandlungen nur für Kinder), eines geografisch abgegrenzten Marktes (Herstellung einer für ein bestimmtes Gebiet traditionelles Gebäck – Bündner Nusstorte) aber auch hinsichtlich einer Produktspezialisierung (nur Sonderanfertigungen aus einheimischem Holz oder Spitzenweine aus einer bekannten Weinanbauregion) definiert sein. Ziel dieser Strategie ist es, sein klar definiertes Ziel wirkungsvoller (z. B. mit höherer Qualität, individueller) und effizienter (kostengünstiger) zu erreichen als die Konkurrenz. Dadurch ergibt sich für ein Unternehmen eine Differenzierung oder eine effizienzgetriebene Kostenführerschaft oder im Idealfall beides zusammen.

Im besten Fall kann der Markenname geschützt und so ein eineindeutig identifizierbarer Mehrwert geschaffen werden. Dies ist oft bei Lebensmitteln der Fall, wie beispielsweise „Appenzeller Käse" oder „Zuger Kirschtorte".

4.2 Positionierung durch bewusste Differenzierung

Beide Faktoren, Differenzierung gleichermaßen wie Kostenführerschaft, sind dynamisch und bedürfen einer kontinuierlichen Analyse und Weiterentwicklung, um Bestand zu haben. In meiner Arbeit mit KMU habe ich immer wieder erlebt, wie das Streben nach Differenzierung Unternehmen zu einem wesentlichen Wettbewerbsvorteil verhelfen kann. Differenzierung erzeugt zudem auch Kundenloyalität, indem sie den Kunden an die Marke bindet. In einem kostenseitig meist heiß umkämpften Markt kann Kundenloyalität einen sehr wertvollen Beitrag zur Positionierung gegenüber der Konkurrenz leisten.

Bei der Differenzierung geht es darum, seine Leistung zu differenzieren. Der Kunde entscheidet sich für Ihr Produkt, weil er sich dadurch einen Mehrwert im Vergleich zu den Konkurrenzprodukten verspricht. Im Idealfall ist er auch bereit, dafür einen Premiumpreis zu bezahlen. Wie hoch dabei dieser Mehrpreis gegenüber vergleichbaren Angeboten der Konkurrenz liegen kann, hängt im Wesentlichen von der Kaufbereitschaft der Kunden und der wahrnehmbaren exklusiven Positionierung des Angebots ab.

Dabei ist es wichtig zu verstehen, dass eigentlich nicht das absolute Ziel der Differenzierung beziehungsweise der Kostenführerschaft erreicht werden soll. Das heißt, dass es oft für ein KMU schon ausreicht, sich relativ zu seinen direkten Mitbewerbern (also regional oder national) mit seinen Leistungen für den Kunden spürbar zu differenzieren. Eine weltweite absolute Einzigartigkeit dürfte einerseits schwer zu erreichen und andererseits schwierig abzusichern sein. Es reicht also, die sogenannte „Nasenlänge voraus" zu sein, wie Fueglistaller jeweils erwähnt (Fueglistaller et al. 2007).

In der Praxis existieren unterschiedliche Faktoren, über die eine Differenzierung erreicht werden kann. Egal, welchen Faktor Sie wählen, er eignet sich nur dann zu Differenzierung, wenn er für den Kunden einen echten Mehrwert generiert! Sie können sich zum Beispiel durch sehr innovative Eigenschaften oder durch spezielle Kochbücher unter Verwendung Ihrer Küchenmaschine von den Produkten Ihrer Konkurrenten abheben. Wenn Ihre Kunden Ihre Eigenschaften jedoch nicht als Mehrwert sehen, bleiben sie nutzlos. Mit den nachfolgenden Faktoren können Sie versuchen, einen Mehrwert für Ihren Kunden zu generieren:

- **Ausstattung:** Durch eine führende Technologie (wie beispielsweise digitale Kochbücher) oder einen besonderen Leistungsumfang können Sie sich von der Konkurrenz abheben. Allerdings gilt es hier, neben der Frage nach dem Kundennutzen noch die jeweilige Wettbewerbsphase zu beachten, da es darum geht, einen zeitlichen Vorsprung auszunutzen. So galt beispielsweise eine Klimaanlage in Autos lange Zeit als besonderes Extra, für das der Kunde bereit war, einen Aufpreis zu zahlen. Mittlerweile zählt eine Klimaanlage zur Standard-Ausstattung in den meisten Fahrzeugen. Die Klimaanlage als Differenzierungsmerkmal unterlag somit dem Prozess, dem viele Differenzierungsmerkmale ausgesetzt sind: Sie entwickeln sich von Exklusivität und Einmaligkeit zum Standard ohne besondere Wertigkeit. Oder anders gesagt: Eine ehemals exklusive Begeisterungsfähigkeit wird mit der Zeit zum Leistungsmerkmal und später eventuell sogar zum Standardfaktor. Dementsprechend spielt neben den Kundenbedürfnissen auch der Faktor Zeit beziehungsweise die Neuwertigkeit des Differenzierungsmerkmals eine entscheidende Rolle.
- **Qualität:** Über Qualität können Sie vor allem dann einen Kundennutzen generieren, wenn daraus nachweislich geringere Nutzungskosten (Wartung, Reparatur) oder eine längere Lebensdauer bei gleichbleibender Funktionalität resultieren. Im Idealfall ist dies durch Referenzkunden oder -projekte beweisbar beziehungsweise für den Kunden eindeutig nachvollziehbar.
- **Service:** Damit Sie sich über den Faktor Service differenzieren können, reicht es in der heutigen Zeit meist nicht mehr aus, schneller, flexibler oder freundlicher zu sein. Um einen wahren, differenzierbaren Mehrwert schaffen zu können, sollten Sie sich mit dem Wertschöpfungsprozess Ihrer Kunden auseinandersetzen. Wo könnten Sie einen Mehrwert durch Dienstleistungen stiften? Sind Sie beispielsweise ein Fitnessstudio, das neben einem speziellen Angebot für Frauen auch noch Kinderbetreuung und ein gesundes Mittagessen mit Take-away-Option bietet? Oder sind Sie eine Autoreparatur-Werkstätte, die für die Dauer Ihrer Autoreparatur einen Leihwagen zur Verfügung stellt oder Ihr Auto sogar zu Hause abholt und abends wieder zurückbringt?
- **Design:** Über den Faktor Design haben Sie die Möglichkeit, einen Mehrwert für den Kunden durch Alleinstellung und Individualität zu bieten. Apple konnte sich zum Beispiel unter anderem über sein ansprechendes Design differenzieren. Vom Gerät selbst, über das komplette Zubehör bis hin zur Verpackung,

alles entspricht der Philosophie des Unternehmens: reduziert, funktional und durchdacht.

- **Image:** Die Modewelt macht es vor, wie Differenzierung durch den Faktor Image erreicht werden kann. Modehäuser suchen sich gezielt ihre Trendsetter oder Imageträger, die bezahlt werden, um ihre Mode zu tragen und kreieren damit das Image der Marke. Social-Media-Kanäle wie Twitter, Instagram, Pinterest oder Facebook spielen hier eine wichtige Rolle. Selbst Schokolade lässt sich durch eine rassige Skirennläuferin besser vermarkten, wenn sie es schafft, sympathisch rüberzukommen und gleichzeitig auf dem Schnee die erwarteten Resultate zu erreichen.

Die Produkt-Markt-Strategie nach Ansoff

Wenn Sie mit Ihrem Unternehmen wachsen wollen, dann ist die Strategiemethodik von Igor Ansoff eine einfache aber wertvolle Methodik, um die richtigen strategischen Entscheide zu fällen. Die Produkt-Markt-Matrix ist ein Werkzeug für das strategische Management von Unternehmen. Sie kann einem Unternehmen, das sich für eine Wachstumsstrategie entschieden hat, als Hilfsmittel zur Planung dieses Wachstums dienen. Die meisten Strategien, die ich bisher gesehen habe, sind auf Wachstum ausgerichtet. Das ist nur allzu verständlich, denn Unternehmen streben nach Größe, mehr Marktanteil und mehr Gewinn – zur Existenzsicherung. Interessant wird es dann, wenn man sich ansieht, wie dieses Wachstum erreicht werden soll. Ein eigentlich recht einfaches und probates Mittel stellt die Produkt-Markt-Matrix nach Ansoff dar. Mit Hilfe der Matrix lassen sich unterschiedliche Wachstumsstrategien für ein Unternehmen logisch kategorisieren.

Die Produkt-Markt-Matrix betrachtet dabei die Potenziale und Risiken von vier möglichen Produkt-Markt-Kombinationen. Je nach Kombination ergeben sich unterschiedliche Strategie-Stoßrichtungen (vgl. Abb. 4.1):

- **Marktdurchdringungsstrategie:** Das Unternehmen versucht, in einem bestehenden Markt zu wachsen, indem es den Marktanteil bereits bestehender Produkte erhöht. Das geschieht grundsätzlich durch die Erhöhung des Absatzes bei bestehenden Kunden, den Verkauf der Produkte an neue Kunden, die Gewinnung von Kunden, die vorher bei der Konkurrenz gekauft haben, oder aber eine Kombination aus diesen Möglichkeiten. Diese Strategie birgt ein geringes Risiko, da sie sich der bestehenden Ressourcen und Fähigkeiten bedienen kann. Allerdings ist das Wachstum meist begrenzt: Wenn der Markt gesättigt ist, muss auf eine andere Wachstumsstrategie gewechselt werden.
- **Produktentwicklungsstrategie:** Mit dieser Strategie versuchen Unternehmen, die Bedürfnisse ihres bestehenden Marktes mit neuen Produkten (Innovationen)

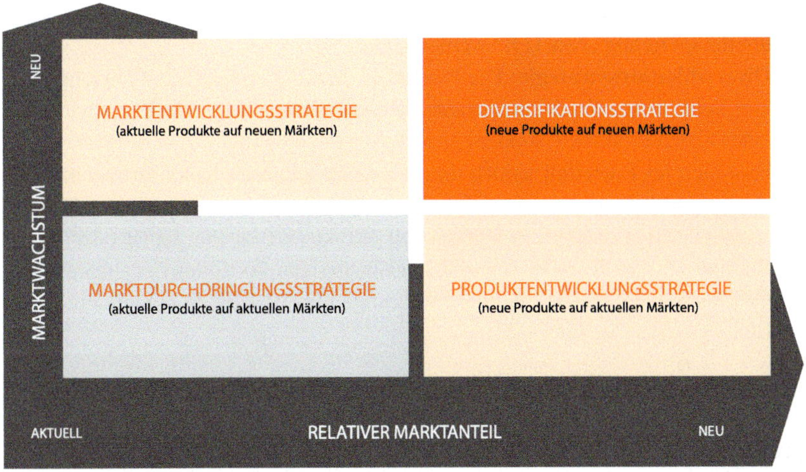

Abb. 4.1 Die Produkt-Markt-Matrix. (Eigene Darstellung)

oder durch die Entwicklung zusätzlicher Produktvarianten zu befriedigen. Diese Vorgehensweise kann vorteilhaft sein für Unternehmen, deren Stärke sich eher auf einen spezifischen Kundenkreis bezieht, als auf spezifische Produkte. Durch die Notwendigkeit, sich neue Fähigkeiten aneignen zu müssen und die Unwägbarkeit des Erfolges der Neuentwicklung birgt die Produktentwicklung als Strategie ein gewisses Risiko, da es für die meisten Unternehmen finanzielle und kapazitätsmäßige Investitionen in meist nicht unbeträchtlichem Ausmaß bedeutet.

- **Marktentwicklungsstrategie:** Das Unternehmen versucht hier, die Zielgruppe für bereits bestehende Produkte durch Erschließung neuer Marktsegmente oder neuer geografischer Gebiete (regional, national oder sogar international) zu vergrößern. Diese Strategie ist empfehlenswert für Unternehmen, die ihre Kompetenzen und Philosophie eher auf ein spezifisches Produkt ausgerichtet haben, als auf einen spezifischen Markt. Durch die Expansion in einen neuen, unbekannten Markt ist das Risiko dieser Strategie jedoch höher als das einer bloßen Marktdurchdringung. Zudem ist eine Internationalisierung für KMU meist mit weiteren Herausforderungen (Sprache, fehlende rechtliche Kenntnisse, spezielle kulturelle Gegebenheiten etc.) verbunden, die zuerst in Form von Fähigkeiten mittels Partner oder durch Unterstützung von spezialisierten Beratern oder sogar durch gezielte Schulung der eigenen Mitarbeitenden aufgebaut werden müssen. Dies braucht Zeit und verursacht Initialkosten, bevor der Markt überhaupt richtig „beackert" werden kann.

- **Diversifikationsstrategie:** Die Produktdiversifikation ist die risikoreichste der vier betrachteten Wachstumsstrategien. Sie erfordert nicht nur die Entwicklung eines neuen Produktes, sondern gleichzeitig die Erschließung neuer Märkte. Sie lässt sich im Einzelfall jedoch durch die Chance eines hohen Ertragspotenzials, ausgedrückt im Return on Investment (ROI) rechtfertigen. Weitere Vorteile können im Einstieg in eine potenziell attraktive Branche liegen oder in der Reduktion des allgemeinen Risikos des bisherigen Portfolios der strategischen Geschäftsfelder (vgl. dazu die Ausführungen im Abschn. 5.4 unter dem Punkt BCG-Matrix) (Ansoff 1965).

Vertiefendes Wissen: Diversifikationsstrategien

Abhängig vom Grad der Risikobereitschaft eines Unternehmens beziehungsweise der darin agierenden Personen kann man drei unterschiedliche Typen der Diversifikationsstrategie unterscheiden:

a) **horizontale Diversifikation**: Die Erweiterung des bestehenden Produktprogramms wird mit Produkten vorgenommen, die mit dem ursprünglichen noch in einem sachlichen Zusammenhang stehen. Eine Bäckerei kann beispielsweise eine horizontale Diversifikation umsetzen, wenn sie neben dem herkömmlichen Geschäft auch noch einen Catering Service anbietet und Getränke dazu verkauft oder einen Lieferdienst für Unternehmen anbietet.

b) **vertikale Diversifikation (die eigentliche Differenzierung)**: Dies entspricht der Vergrößerung der Tiefe des Produktprogramms, entweder in Richtung Absatz (Vorwärtsintegration) oder in Richtung der Herkunft der Produkte (Rückwärtsintegration). Um eine Vorwärtsintegration handelt es sich, wenn beispielsweise ein Kaffeekapselhersteller auch Zubehör wie Tassen, Löffel oder Kapselbehälter anbietet. Von einer Rückwärtsintegration spricht man, wenn derselbe Hersteller Kaffeeplantagen aufkauft und in sein Unternehmen integriert.

c) **laterale Diversifikation**: Hierbei wird der Vorstoß in gänzlich neue Markt- und Produktgebiete angestrebt. Das Unternehmen muss seine traditionelle Branche verlassen, um in weit entfernte Geschäftsfelder zu investieren. Es besteht hier meist kein sachlicher Zusammenhang mehr zum bisherigen Geschäft. Diese Form wird im strategischen Marketing auch als risikoreichste Form angesehen. Als Beispiel könnten hier Autohersteller genannt werden, die Modeartikel, Parfum und weitere Accessoires anbieten oder in ihrer eigenen Akademie für Dritte Kurse abhalten und ein eigenständiges Beratungsangebot haben.

Fazit

✓ Die potenziell möglichen Ausprägungen einer Wachstumsstrategie können also in dieser Produkt-Markt-Matrix zusammengefasst werden, welche die einzelnen Strategien danach klassifizieren, ob bekannte oder neue Märkte mit alten oder neuen Produkten erreicht werden sollen. „Marktdurchdringung" bedeutet dabei, das, was man heute schon macht, noch zu intensivieren. Die übrigen Varianten sind eine Erweiterung der Unternehmensaktivitäten.

✓ Der Diversifikation kommt aufgrund des erheblichen Wandels der Unternehmensstruktur – vielleicht sogar einer Änderung des Geschäftsmodells – und der damit verbundenen Anforderungen die größte Bedeutung zu (vgl. dazu auch die Ausführungen im darauffolgenden Abschn. 4.4).

4.3 Positionierung durch die Blue Ocean Strategy

Das 2009 gegründete Startup-Unternehmen UBER zeigte, wie es gehen kann. Es entwickelte eine App, über die einfach und schnell eine Mitfahrgelegenheit bestellt werden kann. Jeder bei UBER registrierte Fahrer, der sich in der Nähe des Kunden befindet, kann die Anfrage annehmen. Bezahlt wird per Kreditkarte. Damit schafft das Unternehmen gleich eine Reihe von differenzierenden und relevanten Nutzen für den Kunden: einfache Handhabung über das persönliche Smartphone anstelle eines eventuell unbefriedigenden Telefonats mit der Taxizentrale, schnelle Reaktion durch das Ausnutzen vorhandener Technologien beziehungsweise Services (z. B. Google Maps, Smartphones), komfortable Autos (SUVs und Autos der Premiumklasse), anstelle von alten Autos mit in die Jahre gekommenen Sitzbezügen, ein günstiger Tarif, Kartenzahlung als Standard und ein cooles Image.

Ging es nach W. Chan Kim und Renée Mauborgne, zwei sehr renommierten Ökonomen und Begründer der Blue Ocean Strategy, dann hat es UBER geschafft, einen sogenannten Blue Ocean zu entdecken und auch zu erschließen. Für Kim und Mauborgne ist profitables Wachstum dann möglich, wenn es ein Unternehmen schafft, sogenannte Blue Oceans zu entdecken, nämlich unberührte Märkte oder Industriezweige, die bis dato noch wenig bis gar keinen Wettbewerb aufweisen, anstelle sich einen erbitterten Kampf mit der Konkurrenz zu liefern. Grundgedanke dieses Ansatzes ist es, dass nur durch die Entwicklung innovativer, neuer

Märkte, die der breiten Masse der Kunden und Nicht-Kunden wirklich differenzierende und relevante Nutzen bieten, nachhaltige Erfolge erzielt werden können, unter anderem durch die bedeutungslos gewordene Konkurrenz, Neuakquirierung von Kunden und optimierte Kostenstrukturen (Kim und Mauborgne 2005).

UBER verfolgt diese Strategie in allen Punkten: Durch deren innovatives Konzept und der Verwendung neuer aber vorhandener Technologien (Apps statt Telefonat) hat UBER die Konkurrenz praktisch über Nacht ausgeschaltet. Zusätzlich konnte UBER seine Kostenstruktur im Vergleich zu herkömmlichen Taxiunternehmen optimieren, nämlich für den Endkunden unsichtbare Kosten eliminieren (z. B. Kosten für die Taxizentrale, wenngleich dies auch als rechtlich umstritten gilt) und dadurch mehr Service (z. B. Limousinen) für weniger Geld bieten. Typisch für die Strategie nach Kim und Mauborgne ist es auch, dass UBER nichts Grundlegendes (z. B. keine neue Technik, kein neues Betriebssystem) dafür neu erfinden musste, sondern deren Innovation auf einer neuartigen Gestaltung des Gesamtangebotes, zum Beispiel durch das Ausnutzen vorhandener Technologien oder dem Weglassen unattraktiver bisheriger Leistungseigenschaften, beruhte (vgl. dazu auch später die Ausführungen zur strategischen Kontur und dem ESRK-Quadrant).

Ein weiteres wichtiges Merkmal für die Blue Ocean Strategy, das auch UBER verkörpert, ist die Steigerung des Nutzens bei gleichzeitiger Senkung der Kosten für den Nutzer. UBER schaffte damit eine sogenannte Nutzeninnovation. Es verbesserte den Service bei gleichzeitiger Senkung des Tarifs. Zu einer Nutzeninnovation kann es dann kommen, wenn sich die Aktionen eines Unternehmens sowohl auf seine eigene Kostenstruktur als auch auf den Nutzen des Angebots für seine Käufer positiv auswirken. UBER konnte dies realisieren, indem es sich vorhandene Technologien zunutze machte und so Kosten (z. B. für den Betrieb einer Taxizentrale, Verwaltungskosten) eliminieren konnte.

In diesem Punkt unterscheidet sich die Strategie von UBER ganz wesentlich von einer herkömmlichen Differenzierungsstrategie, die auf einen Mehrwert für den Kunden in der Leistung abzielt, allerdings damit keine Kostenführerschaft anstrebt. Im Gegenteil, Differenzierungsstrategien streben sogar häufig ein Premiumsegment an, in dem der Käufer bereit ist, für die zusätzliche Leistung mehr zu bezahlen.

Selbstverständlich wird es Unternehmen auch künftig nicht erspart bleiben, in den sogenannten Red Oceans professionell schwimmen zu können. Nach Kim und Mauborgne sind Red Oceans gesättigte Märkte, in denen die Marktteilnehmer versuchen, ihre Konkurrenten zu übertreffen, um sich die entsprechende Nachfrage zu sichern. Red Oceans weisen bescheidene Gewinn- und Wachstumschancen auf – und aktuelle Entwicklungen verstärken dies. Die Globalisierung, die Öffnung der Märkte mit dem Abbau von Handelsschranken und der technologische Fortschritt vergrößern nicht nur das Angebot für den Konsumenten, sondern auch die Anzahl der Konkurrenten für den Anbieter. Konsequenzen sind ein schnellerer und härterer Vergleich des Angebotes mit härteren Preiskriegen und schrumpfenden Gewinnspannen und ein Verschwinden von Nischen und Monopol-Stellungen. Um langfristig profitables Wachstum zu sichern, wird das Bemühen um Blue Oceans daher immer entscheidender und von größerer Wichtigkeit.

Auf Entdeckungsreise – Ihr Gewässer abstecken

Wie bei jeder Strategiearbeit sollten Sie sich auch auf Ihrer Suche nach Ihrem Blue Ocean vorerst einmal mit Ihrer Ist-Situation in Ihrer Branche beschäftigen. Versuchen Sie, eine strategische Kontur Ihres Angebotes im Vergleich zu Ihrer Konkurrenz zu zeichnen. Dabei geht es darum, die Sicht des Marktes, also die Sicht Ihrer Kunden darzustellen. Im Idealfall befragen Sie daher Ihre Kunden. Welche Merkmale – es handelt sich dabei meist um Entscheidungsmerkmale, die für den Kunden beim Kauf oder der Nutzung eines solchen Produktes, einer solchen Leistung auschlaggebend sind – Ihres Produktes oder Ihrer Dienstleistung nehmen Ihre Kunden bewusst wahr? In welche Merkmale investiert Ihre Konkurrenz? Ihr Ziel sollte es sein, herauszufinden, ob und bei welchen Merkmalen Sie sich von Ihrer Konkurrenz unterscheiden.

Das Arbeitsblatt Blue Ocean 1 (Abb. 4.2) wird Ihnen helfen, Ihre strategische Kontur zu erstellen. Gehen Sie dazu wie folgt vor:

1. Versuchen Sie, sich in die Lage Ihrer Kunden zu versetzen, und diskutieren Sie in der Gruppe, welche Merkmale Ihres Produktes oder Ihres Dienstleistungsangebots Ihre Kunden als relevante Entscheidungsmerkmale für den Kauf wahrnehmen (Kernelemente). Diese könnten beispielsweise sein: Preis, Qualität, Design, Service, Verlässlichkeit etc. Die Merkmale oder Kernelemente können sowohl positiv als auch negativ wahrgenommen werden. Entscheiden Sie sich für die sechs bis acht am häufigsten genannten Kernelemente und tragen Sie diese in die Liste ein.
2. Bleiben Sie in der Perspektive Ihrer Kunden und versuchen Sie nun, die Ausprägung jedes Kernelements auf einer Skala von 0 (= nicht existent) bis 10 (= perfekt, besser geht es nicht) zu bewerten. Machen Sie dies für Ihr Unternehmen beziehungsweise den gewählten Produkt- oder Dienstleistungsbereich. Die daraus resultierende Kurve ist die strategische Kontur Ihres Unternehmens aus Sicht Ihrer Kunden.
3. Versuchen Sie nun analog, je eine strategische Kontur auch für denselben Produkt- oder Dienstleistungsbereich Ihrer drei wichtigsten Konkurrenten zu erstellen. Wie würden Ihre Kunden die festgelegten Kernelemente bei Ihren Kon-

ARBEITSBLATT | BLUE OCEAN | 1
STRATEGISCHE KONTUR MIT KONKURRENZVERGLEICH

URSFREY
SPEAKER & BUSINESS EXPERT

DATUM: 14.02.16 VERSION: 1

Diskutieren Sie in der Gruppe, die zehn wichtigsten Kernelemente einer Produktgruppe oder eines Dienstleistungsbereichs des Unternehmens aus Sicht der Kunden. Vergleichen Sie den Erfüllungsgrad auf einer Skala von 0 (= sehr schlecht) bis 10 (= perfekt, besser geht nicht) Ihres Angebotes mit dem Erfüllungsgrad der drei wichtigsten Konkurrenten aus Kundensicht.

Kernelemente	
1	Kundenberatung
2	Lieferzeit
3	Qualität
4	Vertrieb/Logistik
5	Flexibilität
6	Verlässlichkeit
7	Akquisition
8	Kapazität
9	Preis
10	Swissness

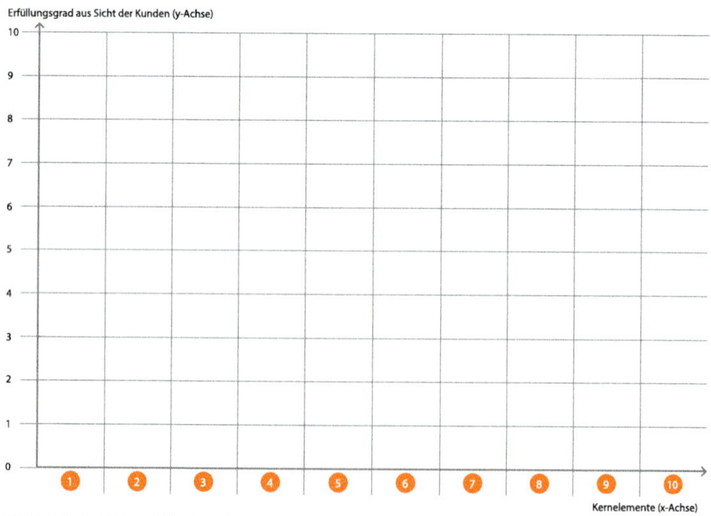

Quelle: W. Chan Kim, Renée Mauborgne: Der Blaue Ozean als Strategie. Wie man neue Märkte schafft, wo es keine Konkurrenz gibt, 2005.

Abb. 4.2 Arbeitsblatt Blue Ocean 1 – Strategische Kontur mit Konkurrenzvergleich. (Eigene Darstellung)

kurrenten bewerten? Nun sehen sie, ob und wo Sie sich – aus Sicht Ihrer Kunden – von Ihren Mitbewerbern unterscheiden. Diese Merkmale gilt es in der Kommunikation zu betonen, oder besser noch, sie gezielt auszubauen.

Tipp

✓ Sie werden oft auch unschwer erkennen, dass Ihre strategische Kontur und die der Konkurrenz recht nahe beieinander liegen. Wenn Sie hier die Ausschläge der unterschiedlichen Kurven etwas glätten und zusammenfassen, können Sie daraus auch das Standardangebot einer Branche erkennen. Nicht zuletzt wird einem so auch klar, warum der Kunde dann oft nur den Preis als Entscheidungskriterium wählt, weil er nichts anderes angeboten bekommt.

Auf Entdeckungsreise – neues Gewässer entdecken

Mit ziemlicher Sicherheit wird sich Ihre Wertekurve von der Ihrer Konkurrenz nicht wesentlich unterscheiden. Sie gehören vielleicht sogar schon zu den Premiumanbietern und Ihre Merkmale wurden durchgehend höher eingestuft als jene Ihrer Konkurrenz.

Um die strategische Kontur grundlegend zu verändern und dadurch auf einen Blue Ocean zu stoßen, müssen Sie den Fokus Ihrer Strategie verlagern – von der Konkurrenz zu Alternativen und von den Kunden der Branche zu Nichtkunden.

Das kalifornische Startup-Unternehmen Airbnb wollte beispielsweise qualitativ gute, authentische und preiswerte Unterkünfte für junge Reisende bieten und orientierte sich dabei weder an den Standards von Jugendherbergen (seiner eigentlichen „Branche" oder Konkurrenz) noch beschränkte es sich auf die Zielgruppe dieser. Durch ihr innovatives Konzept war es möglich, interessante, preiswerte Unterkünfte nicht nur für die Klientel von Jungendherbergen, sondern auch für viele, die bis dato in Hotels genächtigt hatten, anzubieten. Sie erweiterten ihre Zielgruppe damit beträchtlich und schalteten ihre Konkurrenz durch ihr innovatives Konzept vollkommen aus. Eine über Airbnb vermittelte Nächtigungsgelegenheit war in keiner Weise mit einem Schlafsaal in einer Jugendherberge oder einem Hotelzimmer vergleichbar.

Um Ihre strategische Kontur entscheidend ändern zu können, müssen Sie die vom Käufer identifizierten Merkmale umgestalten. Stellen Sie sich dazu folgende Fragen:

- Welche der Kernelemente, die die Branche als selbstverständlich betrachtet, müssen **eliminiert** werden? UBER verzichtete beispielsweise auf die Vermittlung von Mitfahrgelegenheiten über eine Taxizentrale.
- Welche Kernelemente müssen bis weit unter den Standard der Branche **reduziert** werden? Airbnb verzichtete beispielsweise auf typische Hotel-Services wie Rezeption, Concierge, Roomservice, Verpflegung.
- Welche Kernelemente müssen bis weit über den Standard der Branche **gesteigert** werden? Sowohl UBER als auch Airbnb konnten die Reaktionszeit wesentlich erhöhen und den Preis merklich senken.
- Welche Kernelemente, die bisher noch nie von der Branche geboten wurden, müssen neu **kreiert** werden. Airbnb bietet Unterkünfte mit Lokalkolorit (also beispielsweise die typische Berliner Altstadtwohnung), wie sie Hotels und Jugendherbergen nicht bieten können.

Kim und Mauborgne entwickelten zur Veränderung der strategischen Kontur und damit zur Erschließung von Blue Oceans das sogenannte ERSK-Quadrat. Das Akronym „**ERSK**" steht für **Eliminieren – Reduzieren – Steigern – Kreieren** und basiert auf den obigen Fragen und fordert Unternehmen auf, Lösungsansätze in allen vier Bereichen zu finden (Kim und Mauborgne 2005).

Das Arbeitsblatt Blue Ocean 2 (Abb. 4.3) hilft Ihnen, Ihre Wertekurve mit Hilfe eines ERSK-Quadrats in Richtung eines Blue Oceans zu verändern. Gehen Sie dazu wie folgt vor:

1. Welche Kernelemente könnten Sie eliminieren?
   Tragen Sie diese in dem entsprechenden Kästchen ein.
2. Welche Kernelemente könnten Sie reduzieren?
   Tragen Sie diese in dem entsprechenden Kästchen ein.
3. Welche Kernelemente könnten Sie steigern?
   Tragen Sie diese in dem entsprechenden Kästchen ein.
4. Welche Kernelemente könnten Sie neu kreieren?
   Tragen Sie diese in dem entsprechenden Kästchen ein.

Auf Entdeckungsreise – Ihre neue Route festhalten

In einem letzten Schritt sollten Sie Ihre Route zu Ihrem Blue Ocean nun unbedingt in einer SOLL-strategischen Kontur festhalten. Basierend auf Ihrer Analyse mit Hilfe des ERSK-Quadrats können Sie nun Ihre Kernelemente neu bewerten beziehungsweise ergänzen. Verwenden Sie dazu das Arbeitsblatt Blue Ocean 3 (Abb. 4.4) und gehen Sie wie folgt vor:

ARBEITSBLATT | BLUE OCEAN | 2
ERSK-QUADRANT

URSFREY
SPEAKER & BUSINESS EXPERT

DATUM: 14.02.16 VERSION: 1

Welche Leistungen, Merkmale Ihrer Leistungen können verändert werden? Listen Sie auf, was eliminiert, (unter dem Branchenstandard) reduziert, gesteigert und neu kreiert werden kann?

Eliminieren	Steigern / Anheben
1. Entwicklungskosten, die nicht verrechnet werden	1. Sprachkompetenz durch Weiterbildung
2. Nicht wertschöpfende Tätigkeiten	2. Aktive Akquise aufbauen
3.	3. Lagerumschlag erhöhen
4.	4. Arbeitsbeschaffung intensivieren
5.	5.
Reduzieren	**Kreieren**
1. Lagerbestand	1. Eigene Produktereihe auf den Markt bringen
2. Prozessdauer insgesamt	2. Neues Geschäftsfeld: Endmontage
3. Liegezeiten von Halbfabrikaten	3. Beratungskompetenz durch einen neuen Projektleiter erhöhen
4.	4. Aufbau eines firmenspezifischen Marketing-Mixes
5.	5.

Quelle: W. Chan Kim, Renée Mauborgne: Der Blaue Ozean als Strategie. Wie man neue Märkte schafft, wo es keine Konkurrenz gibt, 2005.

© Urs Frey

Abb. 4.3 Arbeitsblatt Blue Ocean 2 – ERSK-Quadrant. (Eigene Darstellung)

ARBEITSBLATT | BLUE OCEAN | 3

STRATEGISCHE KONTUR (SOLL) MIT NEUEN KERN-ELEMENTEN

URSFREY
SPEAKER & BUSINESS EXPERT

DATUM: 14.02.16 VERSION: 1

Diskutieren Sie in der Gruppe, wie Sie die Kernelemente der gewählten Produktgruppe oder eines Dienstleistungsbereichs des Unternehmens verändern können, so dass Sie sich deutlich mehr von der Konkurrenz unterscheiden. Zeichnen Sie die neue strategische Kontur für Ihr Unternehmen. Idealerweise fügen Sie neu kreierte Kern-Elemente aus dem ERSK-Quadranten (Arbeitsblatt | Blue Ocean | 2) ein zur besseren Differenzierung.

	Kernelemente	Neue Beurteilung eigenes Unternehmen
1	Kundenberatung	9
2	Lieferzeit	7
3	Qualität	6
4	Vertrieb/Logistik	8
5	Flexibilität	7
6	Verlässlichkeit	8
7	Akquisition	8
8	Kapazität	6
9	Sprachen	8
10	Preis	3
11	Eigene Produktreihe (Haushaltsartikel)	7
12	Neues Geschäftsfeld (Luxusverpackungen)	7

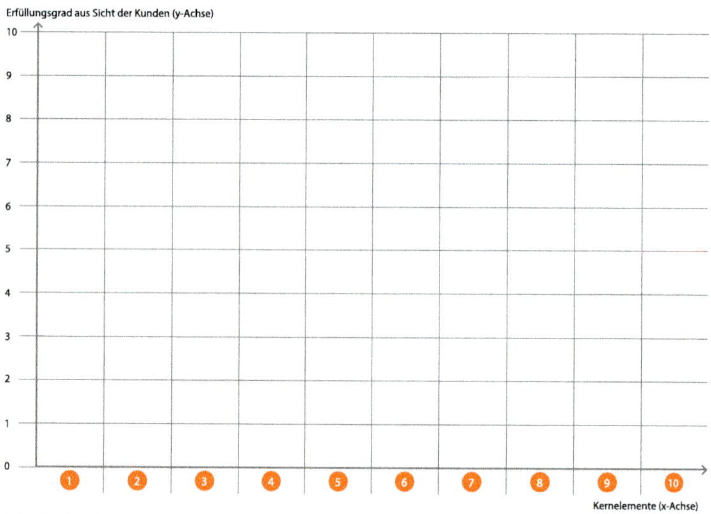

Quelle: W. Chan Kim, Renée Mauborgne: Der Blaue Ozean als Strategie. Wie man neue Märkte schafft, wo es keine Konkurrenz gibt, 2005.

Abb. 4.4 Arbeitsblatt Blue Ocean 3 – Strategische Kontur (SOLL) mit neuen Kernelementen. (Eigene Darstellung)

1. Nehmen Sie sich Ihre strategische Kontur aus Arbeitsblatt Blue Ocean 1 zur Hand und bewerten Sie Ihre Kernelemente nun neu. Gibt es Kernelemente, die Sie nun niedriger oder höher bewerten? Kommen neue Kernelemente hinzu?
2. Sie erhalten damit Ihre neue strategische Kontur. Um sicherzugehen, dass Sie Ihren Kurs nun wirklich in Richtung Blue Ocean einschlagen, sollte sich Ihre SOLL-strategische Kontur nun zumindest in ein paar Punkten entscheidend von Ihrer Konkurrenz abheben.

Tipp

✓ Die Faktoren, die sich wesentlich von den Faktoren der Konkurrenz unterscheiden, sollten Sie fortan als Differenzierungsmerkmale in der Kommunikation gezielt einsetzen, sei es um sich bewusst von der Konkurrenz abzugrenzen oder um sich gezielt als einzigartiger Anbieter zu positionieren.

4.4 Positionierung durch eine Geschäftsmodell-Innovation

Nun möchte ich Ihnen noch eine weitere Möglichkeit vorstellen, wie man sein Unternehmen oder einzelne Geschäftsbereiche schnell und gezielt neu positionieren kann, nämlich durch die Geschäftsmodell-Innovation. Ihr Geschäftsmodell ist die Art und Weise, wie Sie Wertschöpfung kreieren. Es umfasst alles, was Sie tun, damit Sie Einnahmen erwirtschaften.

Die Darstellung und Diskussion des Geschäftsmodells einer Unternehmung dienen dazu, die verschiedenen Teile oder Aspekte eines (noch) funktionierenden Unternehmens greifbarer zu machen. Durch die klare Abgrenzung von verschiedenen Teilen werden Ungereimtheiten transparent und Potenziale sichtbar. Dadurch können wichtige Erkenntnisse für einen Strategieentwicklungsprozess gewonnen werden.

Geschäftsmodelle, oder Business Models auf Englisch, sind momentan en vogue und in aller Munde. Doch längst nicht alle Unternehmen beziehungsweise die darin arbeitenden Mitarbeitenden kennen ihr eigenes Geschäftsmodell. Trotz aller Popularität haben zudem viele Unternehmer Schwierigkeiten, ihr Geschäftsmodell zu beschreiben. Ein klares Bewusstsein über sein jeweiliges Geschäftsmodell ist allerdings gerade auch für Unternehmensleiter von KMU von essenzieller Bedeutung, da nur so echte Potenziale entdeckt und damit gewinnbringende Positionierungen angestrebt werden können. Dieses Kapitel wird Ihnen dabei helfen, Ihr Geschäftsmodell zu analysieren, zu visualisieren und damit eine Grundlage für eine fundierte Arbeit mit Ihrem Geschäftsmodell zu schaffen.

Dieses Kapitel wird Ihnen dabei helfen

- zu verstehen, was genau sich hinter einem Geschäftsmodell verbirgt.
- Ihr bestehendes Geschäftsmodell einfach zu beschreiben und zu visualisieren.
- Ihr bestehendes Geschäftsmodell gezielt weiterzuentwickeln.

Geschäftsmodelle und ihre Umwelten

Eine kontinuierliche Arbeit mit Ihrem Geschäftsmodell kann wettbewerbsentscheidend sein, da Geschäftsmodelle nur dann zielführend sein können, wenn sie auf Änderungen in der Umwelt des Unternehmens reagieren. Und das Umfeld vieler KMU verändert sich laufend und mit großer Geschwindigkeit. Die Ausbreitung des Internets ist dafür das beste Beispiel. Vor 20 Jahren entstand das World Wide Web – heute ist es im Geschäftsalltag unverzichtbar. Im Jahr 2011 nutzten 80 % der Schweizerinnen und Schweizer das Internet regelmäßig und mehr als die Hälfte kaufte online ein. Heute ist mehr als ein Drittel der Bevölkerung bei Facebook registriert – ein Medium, das erst seit sieben Jahren existiert. Solch grundlegenden Änderungen beeinflussen die Gesellschaft, die Wirtschaft und damit alle Unternehmen – einige Beispiele:

- **Beispiel 1: Soziale Medien und Applikationen können die Kundenbindung verstärken**. Momentan ergeben sich durch soziale Medien (z. B. Facebook, Twitter) und sogenannte Applikationen für Smartphones zusätzliche Möglichkeiten, die Kundschaft mit relevanten Informationen zu bedienen und die Kundenbeziehung zu intensivieren.
- **Beispiel 2: Die ältere Generation wird mobiler**. Unsere Gesellschaft wird nicht nur immer älter, die älteren Jahrgänge werden auch kaufkräftiger und aktiver. Für Unternehmen entstehen damit interessante neue Kundensegmente.
- **Beispiel 3: Kannibalisierung der traditionellen Vertriebskanäle**. Wenn Bücher mehrheitlich über das Internet bestellt werden, müssen Sie sich als traditioneller Buchhandel etwas einfallen lassen. Ein guter Buchladen hebt sich zum Beispiel durch die herausragende Kompetenz oder die persönliche Beratung ab. Oder er hat sich auf eine bestimmte Nische fokussiert (z. B. Kochbücher) und

bietet in dem Gebiet auch weitere Produkte und Dienste an (z. B. Kochkurse, Küchenutensilien).

- **Beispiel 4: Kostendruck und fallende Grenzen**. Wie reagieren Sie, wenn Kunden ein ähnliches Produkt über der Grenze plötzlich 20 % billiger beziehen können? Vielleicht können Sie kurzfristig Ihr Produkt oder Ihren Dienst besser positionieren, zum Beispiel durch „Swissness", einen lokalen Bezug, besseren Service oder durch herausragende Qualität? Längerfristig müssen Sie sich aber grundsätzlich überlegen, wie Sie Ihr Produkt oder Ihre Dienstleistung kostengünstiger herstellen können, zum Beispiel durch andere Produktionsverfahren, mehr Automatisierung oder mit schlankeren Strukturen.

Es ist nicht nur das Internet, sondern das allgemeine Wirtschaftsgeschehen, das bestehende Geschäftsmodelle permanent unter Druck setzt. Das Geschäftsmodell jedes Unternehmens ist diesen Einflüssen in individueller Weise und sehr unterschiedlich stark exponiert ausgesetzt. Es ist darum wichtig, den Einfluss solcher Auswirkungen auf das eigene KMU früh genug zu erkennen.

Ist Ihr Geschäftsmodell flexibel genug, um sich schnell an solche Änderungen, anzupassen oder verursachen solche Veränderungen eher Existenzängste? Je besser Sie und Ihre Mitarbeitenden Ihr Geschäftsmodell kennen, umso leichter fällt es Ihnen, Herausforderungen anzunehmen. Sonst läuft Ihr KMU Gefahr, obsolet zu werden, weil Ihre Leistungen für die Kunden keinen Mehrwert mehr darstellen oder findige Konkurrenten einen größeren Nutzen bieten. Lassen Sie es nicht so weit kommen und passen Sie Ihr Geschäftsmodell rechtzeitig an die neue Realität an. Dieses Kapitel wird Sie dabei unterstützten.

Das Geschäftsmodell und was sich dahinter verbirgt

Wenn Sie jemand nach dem Leistungsumfang Ihres Unternehmens fragt, können Sie sehr wahrscheinlich in einzelnen Worten erklären, was Sie für welchen Kunden zu bieten haben. Sobald die Diskussion sich weiter vertieft, können Sie detailliert Auskunft geben über Produktion, Marketing und Verkauf oder über Personal, Qualität und Leitbild. Aber die Frage nach dem Geschäftsmodell ist in den meisten Fällen nicht so einfach zu beantworten. Nicht, weil Sie kein Geschäftsmodell haben, sondern weil der Begriff nicht so klar definiert ist wie die oben erwähnten Elemente der Unternehmensführung und meist auch, weil Sie sich darüber bis heute noch kaum Gedanken gemacht haben.

Die Definition eines Geschäftsmodells ist eigentlich einfach, und zwar ist es „die Art und Weise, wie ein Unternehmen Wertschöpfung kreiert, liefert und dafür Einnahmen für sich erwirtschaftet". Wenn Sie mit der Definition einverstanden sind, führt die Antwort aber automatisch zu einem weiteren Dilemma und zwar, welche Elemente Sie denn alle beschreiben müssen, um Ihre Wertschöpfung zu erklären. Ich habe gelernt, dass Geschäftsmodelle sich anhand von neun Bausteinen beschreiben lassen und in einer einfachen, visuellen Darstellung abgebildet werden können (Osterwalder und Pigneur 2010).

Die oben erwähnte Definition und die nachfolgenden neun Bausteine habe nicht ich erfunden, sondern sie stammen aus dem Buch „Business Model Generation“ von Alexander Osterwalder und Yves Pigneur. Das Buch ist gemeinsam mit 470 Praktikern aus 45 Ländern geschrieben worden. Ich verwende das Modell von Osterwalder und Pigneur selber in vielen Projekten mit Partnern und Kunden und halte es für einen sehr praktikablen Zugang, sein Geschäftsmodell zu visualisieren, zu analysieren, zu optimieren und letzten Endes neu auszurichten.

Osterwalder und Pigneur haben die neun Bausteine eines Geschäftsmodells logisch strukturiert und stellen diese auf einer Geschäftsmodell-Leinwand, einem sogenannten Business Model Canvas (BMC), dar. Nachfolgend finden Sie eine Beschreibung dieser neun Bausteine. Die jeweiligen Fragen sollen Ihnen helfen, die Bausteine für Ihr Unternehmen zu beschreiben.

- **Baustein 1: Kundensegmente.** Die Kundschaft ist für jedes Unternehmen der wichtigste Baustein. KMU haben den Vorteil, dass sie ihre Kunden gut kennen, vielfach sogar persönlich. Darum beginnt die Formulierung des Geschäftsmodells mit der Einteilung der Kundschaft in Segmente. Diese Gliederung ist sinnvoll, weil verschiedene Segmente – zum Beispiel Privat- und Firmenkunden, Kundengruppen nach Umsatzvolumen, Wiederverkäufer und Detailhändler – verschiedene Bedürfnisse haben und unterschiedlich bedient werden.
  - Wer sind unsere wichtigsten Kunden?
  - Für wen kreieren wir Wert?
- **Baustein 2: Nutzen/Angebot.** Die Gliederung in Kundengruppen führt unmittelbar zur Frage nach dem Mehrwert oder Nutzen, den das KMU für seine Kunden bietet. Für die einen bietet das Unternehmen schlüsselfertige Lösungen mit einem umfassenden After-Sales-Service, für andere dagegen lediglich Bauteile für deren eigene Produktion. Auch beim Angebot ist es sinnvoll, dieses in Gruppen zu gliedern.
  - Was liefern wir den Kunden?
  - Welches Problem unserer Kunden helfen wir zu lösen?
  - Welches Produkt- und Dienstleistungsbündel offerieren wir jedem Kundensegment?
  - Welche Kundenbedürfnisse befriedigen wir?
- **Baustein 3: Marketingkanäle**. Die Bausteine 3 und 4 beschreiben, über welche Kanäle die Produkte und Dienstleistungen den Kunden angeboten werden

und wie die Kommunikation und Beziehungspflege erfolgt. Die Marketingkanäle umfassen sowohl die Werbung als auch den Verkauf selbst. KMU werben zum Beispiel in lokalen Zeitungen, publizieren in Fachzeitschriften oder präsentieren sich auf Messen. Sie verkaufen ihre Produkte beim Kunden zu Hause, im Laden, per Katalog, Telefon oder online. Die Zahl der Marketingkanäle ist groß, aber längst nicht jeder ist für jedes KMU geeignet.
- Durch welche Kanäle wollen unsere Kundensegmente erreicht werden?
- Wie erreichen wir sie momentan?
- Wie sind unsere Kanäle integriert?
- Welche funktionieren am besten?
- Welche sind am rentabelsten?
- Wie integrieren wir die Kanäle in die Routinen unserer Kunden?

- **Baustein 4: Kundenbeziehung/-bindung**. Es ist viel günstiger, einen bestehenden Kunden zu halten, als einen neuen zu gewinnen. Nach dieser Devise ist die Kundenbindung für das KMU sehr wichtig. Persönliche Kundenpflege, Informationen über Neuerungen oder Einladungen zu Veranstaltungen bieten sich ebenso an wie neue Medien (Facebook, Twitter, XING, LinkedIn usw.).
  - Welche Art von Beziehungen erwartet jedes unserer Kundensegmente mit uns aufzubauen und aufrechtzuerhalten?
  - Welche haben wir bereits aufgebaut?
  - Wie sind sie in den Rest unseres Geschäftsmodells integriert?
  - Wie teuer sind sie?
- **Baustein 5: Einkommensströme**. Dieser Baustein beschreibt die monetären Zuflüsse von Kunden. In den meisten Fällen stehen die Einnahmen mit Waren nach Volumen oder Stück und erbrachten Dienstleistungen nach Stunden in Zusammenhang. Möglich ist aber auch, den Mehrwert mittels Abonnements oder mit zusätzlichen Dienstleistungen zu erweitern.
  - Welchen Betrag wollen unsere Kunden wirklich zahlen?
  - Für was zahlen sie zur Zeit?
  - Wie zahlen sie zur Zeit?
  - Wie würden sie am liebsten zahlen?
  - Wie viel trägt jede Möglichkeit zum gesamten Einkommen bei?
- **Baustein 6: Schlüsselressourcen.** Dieser Baustein beschreibt, welche Faktoren für Ihre Wertschöpfung zentral sind. Das können Mittel sein, über die nur Sie verfügen, zum Beispiel Patente und Urheberrechte. Möglich sind auch solche, die Ihr KMU besonders auszeichnen, beispielsweise spezielles Fachwissen und Ausbildungen, eine ausgezeichnete Lage oder spezielle Maschinen. Auch Ihre Reputation oder Ihr starkes Beziehungsnetz können eine Schlüsselressource sein.

  - Welche Hauptressourcen erfordern unsere Leistungen?
  - Unsere Vertriebskanäle? Kundenbeziehungen?
  - Einkommensquellen?
- **Baustein 7: Schlüsselaktivitäten**. Ihr KMU erledigt im gesamten Wertschöpfungsprozess unzählige Handgriffe und Aktivitäten. Den Kern bildet jedoch die Schlüsseltätigkeit, mit der Sie ein Produkt herstellen oder ein Kundenproblem lösen. Das kann die Herstellung, die Montage, die Art des Vertriebs oder auch „nur" ein Konzept sein.
  - Welche Haupttätigkeiten erfordern unsere Leistungen?
  - Unsere Vertriebskanäle? Kundenbeziehungen?
  - Einkommensquellen?
- **Baustein 8: Schlüsselpartner**. Gerade KMU decken selten die gesamte Wertschöpfungskette ab. Sie sind auf Partner angewiesen. Einige dieser Unternehmen sind für das KMU lebenswichtig und können unter Umständen kaum ersetzt werden. Solche Schlüsselpartner sind häufig Lieferanten, Informatikdienstleister, Treuhänder oder Vertriebspartner.
  - Wer sind unsere Hauptpartner?
  - Wer sind unsere Hauptlieferanten?
  - Welche Hauptressourcen erwerben wir von Partnern?
  - Welche Haupttätigkeiten führen Partner aus?
- **Baustein 9: Kostenstruktur**. Im letzten Baustein wenden wir uns den Kosten zu, die direkt aus den vorangehenden Bausteinen entstehen. Darunter fallen namentlich die festen und variablen Kosten Ihres Geschäftes, wie etwa Investitionen in Maschinen, Materialaufwand, Honorare und Personalkosten.
  - Welches sind die wichtigsten, unserem Geschäftsmodell innewohnenden Kosten?
  - Welche Hauptressourcen sind am teuersten?
  - Welche Haupttätigkeiten sind am teuersten?

Ihr Geschäftsmodell visualisieren

Der Business Model Canvas nach Osterwalder und Pigneur eignet sich sehr gut, um Ihr Geschäftsmodell zu visualisieren, zu analysieren und letzten Endes zu adaptieren. Nur wenn Sie sich aktiv und kontinuierlich mit Ihrem Geschäftsmodell auseinandersetzen, können Sie strategisch fundierte Entscheidungen treffen. Geschäftsmodelle verändern sich ständig, wie ich anhand von Fragestellungen im nächsten Abschnitt aufzeigen werde. Ich bin klar der Meinung, dass es die Pflicht jedes Unternehmens ist, sein Geschäftsmodell mindestens alle drei Jahre an die neue Realität anzupassen, beziehungsweise kritisch zu reflektieren. Jetzt beginnen wir aber zuerst einmal damit, Ihr bestehendes Geschäftsmodell zu visualisieren. Gehen Sie dazu wie folgt vor (siehe Abb. 4.5).

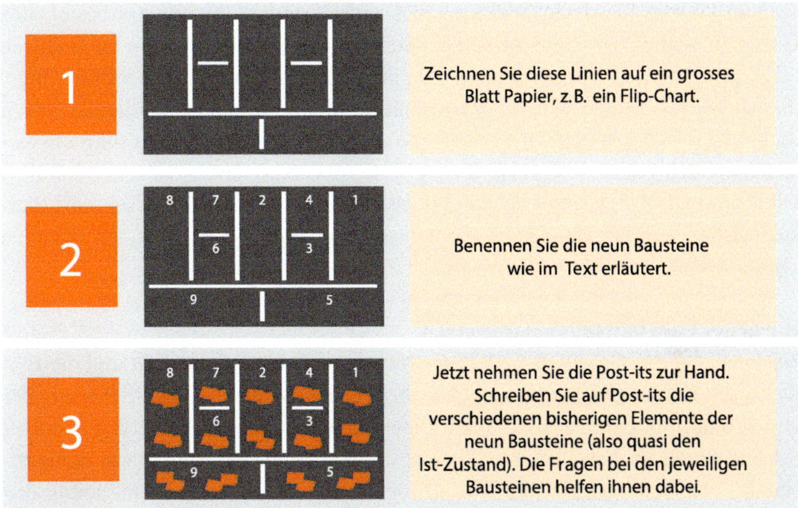

Abb. 4.5 Ihr Geschäftsmodell visualisieren. (Eigene Darstellung)

Ihr Geschäftsmodell analysieren und optimieren

Sie haben nun Ihr bestehendes Geschäftsmodell beschrieben. Das Modell kann aber deutlich mehr. Der Ist-Zustand gibt Ihnen Anhaltspunkte, wo Potenzial verborgen liegt. Am besten betrachten Sie jeden Baustein separat und überlegen sich, ob es Alternativen gibt oder ob Sie die Wertschöpfung für Ihren Kunden auf eine andere Art und Weise erbringen können. Folgende beispielhafte Fragen können Sie dabei unterstützen:

- Gibt es Potenzial, um neue Kundensegmente zu erschließen?
- Müssen Sie neue Kanäle aufbauen, um besser mit Kunden in Verbindung zu bleiben?
- Können Sie neue Umsatzquellen entwickeln (z. B. durch spezielle Angebote)?
- Sind alle Ihre Aktivitäten tatsächlich Schüsselaktivitäten oder können Sie bestimmte Teile über Partner abwickeln und sich damit auf Ihr Kerngeschäft fokussieren oder sogar Kosten sparen (z. B. in der Administration)?
- Sollten Sie Ihre Schlüsselressourcen besser schützen? Braucht es beispielsweise größere Anstrengungen, um Schlüsselpersonal zu halten, weil sonst Wissen abfließt?

Nun können Sie damit beginnen, mit andersfarbigen Post-its das bestehende Geschäftsmodell zu verändern. Ich verwende jeweils die Farbe Grün für Chancen oder Potenziale, die wir noch nicht oder besser ausnutzen sollten, oder für Dinge, die neu dazukommen. Die Farbe Rot steht für mich für Punkte, auf die ich achten muss, die ich derzeit nicht gut beherrsche oder die sogar eine Gefahr für mein Geschäftsmodell beziehungsweise für einzelne Bausteine davon darstellen können. Die Farbe Blau setze ich ein, um gewisse Punkte zusammenzufassen, also beispielsweise mehrere Kundengruppen eines Unternehmens zu einem sogenannten „Buying Center" zusammenzufügen.

Ihr neues Geschäftsmodell umsetzen
Nachdem Sie Ihr Geschäftsmodell strukturiert und sichtbar gemacht und die Elemente mit Entwicklungspotenzial identifiziert haben, gehen Sie an die Planung der Umsetzung. Priorisieren Sie die von Ihnen identifizierten Elemente und erstellen Sie einen realistischen Plan, was Sie bis wann umsetzen wollen und wer dafür zuständig ist. Damit beginnt die Umsetzung. Verlieren Sie bei der Umsetzung den Grund der Änderungen nicht aus den Augen und erklären Sie diesen auch den involvierten Personen. Wenn sie verstehen, weshalb sich etwas ändern soll, ist die Umsetzung meist erfolgreicher.

Die Anpassung Ihres Geschäftsmodells ist kein abgeschlossener Prozess. Machen Sie sich auch nach der erfolgreichen Umsetzung Gedanken, wie Sie Ihr Modell weiterentwickeln können, welche Änderungen sich in Ihrem Markt auf welchen Baustein auswirken und welche Elemente Sie ändern können, um sich darauf vorzubereiten.

Tipps

✓ **Finden Sie Ihre Geschäftsmodell-Power-User!** Sorgen Sie dafür, dass es ein, zwei Personen in Ihrem Unternehmen gibt, die aktiv mit dem Business Model Canvas arbeiten. Im Idealfall handelt es sich dabei um Personen, die in Ihrem Unternehmen gut etabliert sind und eine meinungsbildende Funktion ausüben. Stellen Sie sicher, dass die Arbeit und vor allem die Erfolge dieser Power User im Unternehmen kommuniziert werden. Sie können damit die Akzeptanz und das Interesse für Ihr Vorhaben bedeutend steigern und stellen gleichzeitig sicher, dass Ihr Vorhaben nicht im „Sand der allgemeinen Betriebsamkeit" versickert.

- ✓ **Unterstützung auf der Führungsebene erwünscht!** Wenn Sie als Inhaber das Projekt starten, vergessen Sie nicht Ihre Vorbildfunktion! So wie Sie den Business Model Canvas in Ihren Arbeitsalltag integrieren, so werden es auch Ihre Mitarbeiter tun! Wenn Sie als Mitarbeiter der Initiator der Geschäftsmodell-Innovation sind und keine leitende Funktion im Unternehmen innehaben, dann kümmern Sie sich um eine entsprechende Unterstützung auf Führungsebene. Je größer die Aufmerksamkeit für Ihr Projekt ist, desto einfacher ist die Umsetzung!
- ✓ **Delegieren Sie Verantwortung und machen Sie diese verbindlich!** Versehen Sie die zur Umsetzung vereinbarten Maßnahmen mit einem Verantwortlichen und einem Meilenstein. Nur so stellen Sie sicher, dass Ihre Pläne auch wirklich umgesetzt werden!
- ✓ **Lernen Sie, mit Ihrem Business Model Canvas zu arbeiten**! Verwenden Sie Ihren Business Model Canvas nicht nur zur Entwicklung neuer Strategien, sondern lernen Sie, Ihren Canvas in Ihren Arbeitsalltag einzubauen: zum Beispiel um bestehende Geschäftsmodelle zu visualisieren oder besser zu verstehen. Dabei werden Ihnen immer häufiger kleine Verbesserungspotenziale auffallen. Geben Sie sich und Ihrem Team Zeit, mit dem BMC vertraut zu werden. Dabei werden Sie sich ganz von allein von einfachen Aufgaben in Richtung komplexere Themen bewegen.
- ✓ **Machen Sie Ihren Business Model Canvas zum Inventar!** Lassen Sie Ihren Canvas nicht in einem Besprechungszimmer verstauben, sondern integrieren Sie ihn in ein offizielles Dokument, zum Beispiel in Ihr Strategiepapier. Sie machen ihn damit für jedermann zugänglich und implizieren, dass es sich dabei um ein anzuwendendes Unternehmenstool und keine kurzfristige Modeerscheinung handelt. Hängen Sie den Canvas im internen Besprechungszimmer möglichst großformatig kopiert auf.
- ✓ **Lassen Sie sich weiterentwickeln/Holen Sie sich immer wieder einmal Hilfe von außen**. Vertrauen Sie immer wieder einmal auf die Unterstützung von Experten, die Ihnen helfen können, Ihre Methodik weiterzuentwickeln, blinde Flecken zu sehen, neue Potenziale zu entdecken und die Motivation aller Beteiligten zu steigern.

Literatur

Ansoff, H. I. (1965). *Checklist for Competitive and Competence Profiles; Corporate Strategy* (S. 98–99). New York: McGraw-Hill.

Fueglistaller, U., Kollar, J., Lantschner, I., & Michel, J. (2007). *Innovation in Kleinunternehmen: ein Praktikerleitfaden für die „Nasenlänge voraus"*. Bozen: Handels-, Industrie, Handwerks- und Landwirtschaftskammer Bozen.

Kim, C., & Mauborgne, R. (2005). *Der Blaue Ozean als Strategie. Wie man heute Märkte schafft, wo es keine Konkurrenz gibt*. München.: Hanser.

Osterwalder, A., & Pigneur, Y. (2010). *Business Model Generation: A Handbook for Visionaries, Game Changers, and Challengers*. Hoboken: John Wiley and Sons.

Porter, M. E. (2013). *Wettbewerbsstrategie. Methoden zur Analyse von Branchen und Konkurrenten*. Frankfurt: Campus Verlag.

5 Komplexitätsunterschiede bei der Strategieentwicklung

Ich möchte in diesem Kapitel auf unterschiedliche Aspekte von Unternehmen eingehen und dabei die Frage beantworten, ob alle Unternehmen dieselbe Strategiemethodik anwenden müssen. Dabei wird es Sie möglicherweise überraschen, dass Strategieentwicklung, verstanden als systematischer Prozess, so wie er in Kap. 3 als Ablauf in sieben Schritten beschrieben wird, im Grundsatz sicher für alle KMU, egal wie groß sie sind oder welcher Branche sie angehören, gleich oder zumindest ähnlich angewandt werden kann – ganz egal, ob Sie ein Ein-Mann-Dienstleister, ein mittelständischer Maschinenbauer mit 120 Mitarbeitern oder ein 50 Mann starkes Non-Profit-Unternehmen sind. Auf jene Unterschiede, die sich dennoch ergeben, möchte ich in diesem Kapitel hinweisen. Darüber hinaus ist es mir ein Anliegen, Sie an meinen Erfahrungen teilhaben zu lassen, die Ihnen helfen können, den effizientesten Weg zu Ihrer Strategie zu finden. Denn aus meiner Sicht soll Ihre Strategiearbeit nicht dem Anspruch nach Vollständigkeit gerecht werden, sondern genau so viel Arbeit bedeuten und Energie beanspruchen, wie unbedingt nötig. Wie Einstein schon sagte: „Man muss die Dinge so einfach wie möglich machen, aber nicht einfacher!"

Dieses Kapitel

- zeigt Unterschiede zwischen KMU unterschiedlicher Größen, volkswirtschaftlicher Sektoren (Branchen), Internationalität und Gewinnorientierung auf.
- weist darauf hin, welche Konsequenzen sich dadurch für die Strategieentwicklung ergeben.
- zeigt den für Ihr Unternehmen effizientesten Weg der Strategieentwicklung auf.

U. Frey, *Vertrauen durch Strategie*, DOI 10.1007/978-3-658-12940-8_5

Reduziert auf das Wesentliche
KMU brauchen keinen aufwändigen Strategieprozess. Meist ist es ausreichend, wenn die geschilderten sieben Schritte in Kap. 3 fundiert recherchiert, durch gegenseitige Abstimmung im Konsens verabschiedet auf die jeweiligen Arbeitsblätter gebracht werden.

Es gilt hier aber anzumerken, dass der „GIGO-Effekt" vermieden werden soll. Das heißt nichts anders, als dass die Strategieentwicklung einen Prozess darstellt, der geprägt ist von den Informationen, die verarbeitet werden. Diese wiederum werden wesentlich beeinflusst durch die

- Qualität des Datenmaterials: Sind Auswertungen vom Unternehmen vorhanden, die man seit längerer Zeit nutzt und konsultiert, um zentrale Entscheide zu treffen? Oder wird für die Strategieentwicklung vieles das erste Mal zusammengetragen?
- Güte des Datenmaterials: Woher stammen die Daten? Sind es persönliche Einschätzungen oder Daten von Drittinstitutionen? Wie alt sind die relevanten Daten, die man in Erfahrung bringen kann?

Nur wenn die Informationen sorgfältig aufbereitet sind und aus verlässlichen Quellen stammen oder aus nachvollziehbaren Beobachtungen resultieren, kann daraus eine wertvolle Strategie entwickelt werden. In allen anderen Fällen heißt es: **G**arbage **I**n führt zu **G**arbage **O**ut (GIGO).

5.1 Unterscheidungskriterium 1: Unternehmensgröße

KMU sind Unternehmen, die weniger als 250 Mitarbeiter beschäftigen und in Kleinst-, Klein- und Mittelunternehmen unterteilt werden können. Kleinstunternehmen beschäftigen weniger als zehn, Kleinunternehmen zwischen zehn und 49 und Mittelunternehmen zwischen 50 und 249 Mitarbeiter. Unternehmen mit mehr als 250 Mitarbeitern werden als Großunternehmen bezeichnet (siehe Tab. 5.1).

Tab. 5.1 Definition von KMU. (Fueglistaller 2004)

Oberkategorie	Unterkategorie	Mitarbeiterzahl
KMU	Kleinstunternehmen (Mikrounternehmen)	0–9
	Kleinunternehmen	10–49
	Mittelunternehmen	50–249
Großunternehmen		Mehr als 250

Inwiefern kann man nun für die unterschiedlichen Unternehmensgrößen differenzierte Herangehensweisen bei der Strategieentwicklung beobachten? Unternehmer beeinflussen den Charakter ihrer Firma in verschiedener Weise, unter anderem durch ihre Vorstellung, wie die Zukunft der Firma gestaltet werden soll – also durch die Strategie des Unternehmens. Insbesondere bei Kleinstunternehmen wird die Strategie weniger formell behandelt, sondern eher mit operativen Elementen verbunden. So wird etwa in einem Textilunternehmen die Ausgestaltung der nächsten Kollektion besprochen oder welche Produkte ins Sortiment eines Händlers genommen werden sollen.

Von Vorteil zeigt sich gerade für KMU die Nähe zu den Mitarbeitern, zum Markt und zu den Kunden, wodurch die Unternehmer viele nützliche Informationen bereits aus ihrem Unternehmensalltag haben. Mittelunternehmen nutzen für die Diskussion strategischer Zielsetzungen eher die Geschäftsleitungs- und Verwaltungsrats-Sitzungen.

Vor allem Kleinunternehmen betonten die Wichtigkeit von Kundenkontakten. Sie versuchen, so oft wie möglich an der Kundenfront zu sein, um den Puls des Marktes zu spüren und zu wissen, welche Produkte und Dienstleistungen eine hohe Nachfrage haben und welche einen weniger guten Absatz finden. Die Unternehmer erhalten dadurch ein direktes Feedback aus dem Verkauf und können somit auch die blanken Zahlen auf dem Papier besser beurteilen.

Bei Kleinst- beziehungsweise Mikrounternehmen erfolgt die Festlegung einer (Unternehmens-)Strategie meist eng gekoppelt an die persönlichen Ziele des Unternehmers. Oft ist es auch der Unternehmer, welcher für sich alleine diese Ziele quasi im „stillen Kämmerlein" bestimmt, ohne weitere Mitarbeitende danach befragt zu haben. Da diese Unternehmer sich mit der Selbständigkeit primär den Wunsch erfüllt haben, ihr eigener Chef zu sein und sich nicht auf Entscheidungen anderer stützen zu müssen, scheint dies auch nachvollziehbar. Entsprechend müssen aber für die Kommunikation der Ziele und Maßnahmen einer Strategie bei diesen Unternehmen oft mehr Zeit und Kraft aufgewandt werden, als es vielen Inhabern dieser Unternehmen lieb ist. Die Aussage eines Unternehmers: „Ich habe beinahe zu viel Arbeit und sicherlich zu wenig gute Mitarbeiter. Ich suche immer noch weitere und kämpfe mit meinen Angestellten um mehr Qualität, was oftmals aussichtslos ist. So bleibt einfach zu viel an mir hängen, auch die Weiterentwicklung meines Unternehmens." mag an dieser Stelle typisch und symptomatisch sein. Ich möchte diese Einschätzung von Unternehmern nicht hinterfragen, wohl aber darauf hinweisen, dass das Potenzial von Mitarbeitern oftmals nur zum Vorschein kommen kann, wenn ihnen auch Entscheidungs- und Gestaltungsfreiraum zugestanden wird. Um diese positive Entwicklung in Gang zu setzen, bedarf es zuallererst des Vertrauensvorschusses des Unternehmers. Es liegt an Ihnen, Ihren

Mitarbeitern Vertrauen in ihre Fähigkeiten und Professionalität zu signalisieren! Das tun Sie, indem Sie Ihre (ausgewählten) Mitarbeiter aktiv in den Strategieprozess einbinden und sie um ihre Einschätzung bitten.

Kleinunternehmer sind hinsichtlich einer strukturierten und systematischen Strategieentwicklung zusammen mit ausgewählten Führungskräften bereits aufgeschlossener, scheuen aber meist den Aufwand, der Ihrer Meinung nach dazu notwendig ist.

Für diese Unternehmensgröße macht es meines Erachtens Sinn, die unter Umständen erstmalig schriftlich festgehaltene Strategieentwicklung auf die Schritte 3, 4 und 5 zu beschränken. Damit bereiten Sie den Großteil der relevanten Information auf und können daraus bereits erste strategische Schlüsse ziehen. Wenn Sie erst einmal verstanden haben, wie der Strategieentwicklungsprozess abläuft, können Sie in einem folgenden Erarbeitungszyklus das Instrumentarium verfeinern und allenfalls auf die restlichen Schritte ausweiten. Damit nehmen Sie Skeptikern die Angst, zu viel Aufwand für wenige Ergebnisse zu betreiben, und helfen ihnen, Vertrauen in die Strategieentwicklung zu haben.

Mittelunternehmen weisen hinsichtlich der Komplexität ihrer Geschäftsfelder oft eine Struktur auf, die es erforderlich macht, die Strategieentwicklung in genau den sieben Schritten dieses Buches zu erarbeiten. Dabei stelle ich oft fest, dass gerade die Schritte 6 und 7 erstmalig in dieser Form erarbeitet werden und meist für die Unternehmen zu einem echten Mehrwert führen können. Die in Schritt 6 erarbeiteten strategischen Erfolgspositionen des Unternehmens können in der Folge für die Marketingkommunikation zielführend eingesetzt werden. Außerdem unterstützt sie die detaillierte Auseinandersetzung mit den strategischen Geschäftsfeldern in Schritt 7 hinsichtlich Ihres Ressourceneinsatz und folglich Ihrer Diversifizierung.

Fazit

✓ Die Unternehmensgröße kann Einfluss auf die Komplexität des Strategieentwicklungsprozesses haben. Dies kann sich unter anderem auf die Anwendung der in diesem Buch vorgestellten Schritte auswirken.

✓ Kleinstunternehmer sollten versuchen, zumindest Schritt 4 schriftlich strukturiert und gemeinsam mit ein bis zwei Schlüsselmitarbeitenden zu erarbeiten.

- ✓ Kleinunternehmer können mit ausgewählten Führungskräften die Schritte 3, 4 und 5 bearbeiten und erhalten so gute Grundlagen, um ihre Ziele zu visualisieren und schriftlich festzuhalten.
- ✓ Mitteluntermehmer ist es zu empfehlen, gemeinsam mit einem Strategieteam von fünf bis sieben ausgewählten Personen alle sieben Schritte durchzuarbeiten und die Strategie, wie in diesem Buch vorgeschlagen, schriftlich festzuhalten.

Zusammenfassend lässt sich festhalten, dass zu den bedeutenden Stärken von KMU vor allem ihre Reaktionsgeschwindigkeit, die Flexibilität sowie die Innovationskraft gehören. Aufgrund ihrer geringeren Größe haben KMU zudem eine deutlich kleinere, spezifischere und damit besser definierbare und erfassbare Umwelt. Dies bedeutet, dass sie schneller und leichter die notwendigen Informationen über Kundenbedürfnisse, Wachstumspläne von Konkurrenten, wichtige Trends oder finanzielle Ressourcen erlangen können. Daraus resultiert die Fähigkeit, auch mit kleineren Kundensegmenten und deren Wünschen und Bedürfnissen flexibel umgehen zu können.

Im Grundsatz gilt auch: je kleiner der Betrieb, desto weniger ist die Strategie schriftlich ausformuliert. Untersuchungen bei Schweizer KMU zeigen auf, dass bei Kleinstunternehmen mit bis zu neun Mitarbeitenden nur gerade 14 % der Befragten über eine schriftlich ausformulierte Strategie verfügen. Bei Betrieben mit bis zu 100 Mitarbeitenden sind es immerhin schon fast 30 %. Bei Betrieben mit bis zu 250 Mitarbeitenden liegt dieser Prozentsatz immerhin bei nahezu 50 % (PostFinance 2011).

Fragt man die Verantwortlichen in KMU, ob sie ihre Strategie auch klar beschreiben können und ob sie wissen, „wie viel" Strategie ihr KMU wirklich benötigt, antworten zahlreiche Unternehmer und Führungskräfte recht spontan mit einem klaren „Ja". Sieht man jedoch genauer hin, so muss man oft feststellen, dass bei vielen KMU nur einzelne Fragmente einer Strategie vorhanden sind. Zudem sind diese meist auch unscharf und damit unklar. Hinzu kommt, dass die Unternehmensstrategie in erstaunlich vielen Fällen nur im Kopf des Geschäftsführers beziehungsweise Inhabers besteht, ohne dass diese je wirklich den verschiedenen Anspruchsgruppen (wie Mitarbeitende, Geschäftspartner, Kunden, Lieferanten etc.) explizit kommuniziert wurde.

Dass unter anderem Mitarbeitende, Geschäftspartner und Kunden als Anspruchsgruppen geführt werden müssen, ist klar. Dazu gehört vor allem auch die aktive, transparente Kommunikation der grundlegenden Stoßrichtung des Unternehmens. Gerade damit tun sich aber viele KMU äußerst schwer. Wohin geht die Reise? Und wie sollen die Ziele erreicht werden? Nur so werden insbesondere die Mitarbeitenden zu Beteiligten gemacht. Nur so kann Vertrauen aufgebaut und damit Schnelligkeit in Entscheidungen und Umsetzung erreicht werden.

5.2 Unterscheidungsmerkmal 2: Volkswirtschaftliche Sektoren (Branchen)

Der Sekundärsektor (Industrie) ist geprägt durch Betriebe, die im Durchschnitt größer sind als jene im Primär- oder Tertiärsektor. Das bedeutet, dass knapp 17 % aller Schweizer KMU hauptsächlich in der Industrie oder dem verarbeitenden Gewerbe tätig sind und knapp 30 % der Beschäftigten in KMU aufweisen. Im Vergleich zu kleinen und mittleren Industrieunternehmen arbeiteten im Durchschnitt sieben Personen pro KMU im Dienstleistungssektor (in der Industrie sind es dagegen zehn). Dienstleistungsunternehmen dominieren aber die Unternehmenslandschaft: 67,6 % aller Schweizer KMU sind im Dienstleistungssektor tätig. Diese Zahlen sind für Deutschland und Österreich nicht wesentlich anders (Bundesamt für Statistik 2015).

Die Abb. 5.1 fasst die Erkenntnisse in einem Überblick über die Schweizer Unternehmenslandschaft nach Sektoren und Unternehmensgröße zusammen. Den größten Anteil an Unternehmen in allen drei Sektoren machten im Jahr 2013 Kleinstunternehmen aus, praktisch 100 % im 1. Sektor, 82,5 % im Industriesektor und 93,4 % im Dienstleistungssektor. Gleichzeitig fällt der hohe Anteil des Dienstleistungssektors auf (mit 74,2 % aller Unternehmen), im Vergleich zum Primärsektor (9,8 %) und dem Sekundärsektor (16,8 %). Bei der Anzahl der Beschäftigten weisen die drei Sektoren große Unterschiede auf. Im Primärsektor beschäftigen Kleinstbetriebe den Großteil der Mitarbeiter (92 %). In der Industrie nimmt der Anteil der Beschäftigten mit der Größe der Unternehmen zu: Kleinstbetriebe stellen 18 %, Kleinbetriebe 25,9 %, Mittelbetriebe 26,1 % und Großbetriebe 30 % der Arbeitsplätze. Im Dienstleistungssektor arbeiten 34,6 % der Beschäftigten in Großunternehmen, während Klein- und Mittelunternehmen zusammen rund 37,7 % und Kleinstunternehmen 27,8 % der Arbeitsplätze anbieten.

Wie Sie den eingangs angeführten Zahlen entnehmen können, sind der weitaus größte Teil der Unternehmen Kleinstunternehmen, die im Sektor 3, den Dienstleistungen, tätig sind. Dazu zählen einfache Dienstleister wie Beratungsunternehmen, Marketingagenturen, Treuhandunternehmen, aber auch ein Friseursalon oder ein Hotel. Alle Arten von Handelsbetrieben entfallen ebenfalls auf diesen Sektor.

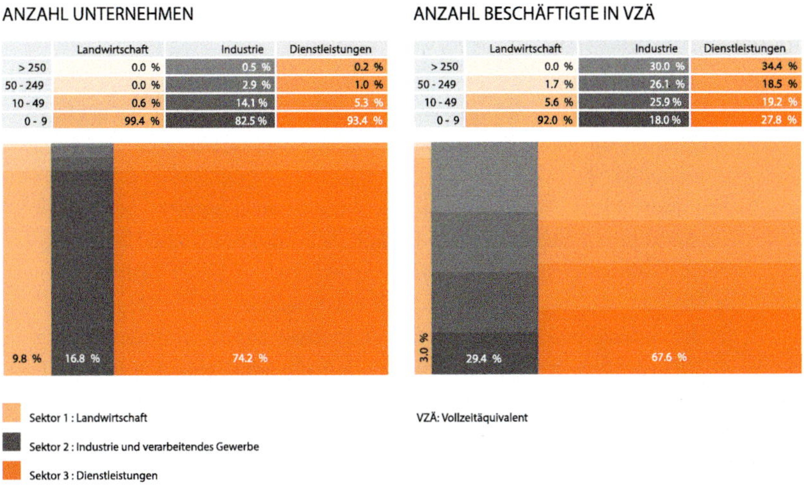

Abb. 5.1 Anzahl Unternehmen und Beschäftigte nach Sektoren und Unternehmensgröße. (Quelle: Bundesamt für Statistik 2015)

Bei diesen Betrieben lässt sich im Hinblick auf die Strategieentwicklung feststellen, dass die Punkte Konkurrenzanalyse, Wettbewerbsanalyse, Leistungskalkulation, Marge und Trends besondere Aufmerksamkeit genießen. Entsprechend sind die Schritte 2 und 3 mit besonderer Aufmerksamkeit zu bearbeiten. Eventuell kann man hier bereits auf gute, über einen längeren Zeitraum gesammelte Informationen und Auswertungen zurückgreifen.

Der klassische Industriebetrieb ist im Sektor 2 anzusiedeln und weist im Schnitt eine größere Mitarbeiteranzahl auf. Dazu gehören beispielsweise auch viele Zulieferbetriebe größerer Konzerne, die sich auf eine Nische oder als Lohnfertiger spezialisiert haben.

Hier werden nach meiner Erfahrung vor allem die eher funktionalen Bereiche Entwicklung, Produktion und Einkauf stark betont. Diese sollten unbedingt in eine Strategieentwicklung einfließen. An dieser Stelle spricht man auch oft von einer (Forschungs- und) Entwicklungsstrategie oder einer Produktions- beziehungsweise Einkaufsstrategie. Dazu sind die entsprechenden Analysen vor allem in den Schritten 1 und 2 sowie 6 von besonderer Bedeutung, da sich damit die effektiven Stärken und wirklichen strategischen Erfolgspotenziale eines Produktionsbetriebs am besten ableiten lassen.

Fazit

✓ Volkswirtschaftliche Sektoren oder Branchen können sehr wohl einen Einfluss auf die Anwendung der zur Strategieentwicklung vorgestellten Methoden haben.

✓ Dienstleistungsbetriebe sind mit den im Strategieprozess beteiligten Arbeitsweisen tendenziell eher vertraut als Produktions- und Handelsbetriebe. Mitarbeiter sind es schlichtweg gewohnt, mit diesen Instrumenten zu arbeiten. Auch Teamarbeit wird im Arbeitsalltag in der Regel häufiger angewandt, was nicht zuletzt einen Einfluss auf die Vertrauenskultur im Unternehmen hat und sich positiv auf die Strategiearbeit auswirkt. Ein Nachteil ist dafür die oft etwas ausufernde Konsenskultur im Strategiedialog in diesen Unternehmen. Man ist bestrebt, alle Meinungen zu berücksichtigen, da beinahe alle Mitarbeiter die Bedürfnisse der Kunden persönlich kennen. Dies kann in vielen Fällen zu einer schwierigen und langwierigen Konsensfindung führen.

✓ In Produktions- und Handelsbetrieben arbeitet man arbeitsteiliger und auch spezialisierter, was bei der Strategieentwicklung dazu führt, dass die beteiligten Personen eigentlich stellvertretend für ihre Abteilung als Experten auftreten, argumentieren und so quasi geschätzt werden und nicht unbedingt mit kontroversen und konträren Meinungen anderer eingedeckt werden. Die Konsensfindung hier ist in der Regel einfacher. Ein Nachteil ergibt sich aber dadurch, dass oft das Verständnis für die Bedürfnisse einzelner Bereiche im Unternehmen fehlt. Auch hinsichtlich der Unternehmenskultur(en) trifft man häufig auf Abteilungsdenken in Form von Subkulturen. Transparent werden diese Strukturen häufig in Workshops, in denen Mitarbeitende unterschiedlicher Abteilungen, zum Beispiel Mitarbeiter der Produktion und Vertriebsmitarbeiter, einen Strategiedialog über beispielsweise künftige Kundenbedürfnisse führen sollen. Hier ist viel Moderationsgeschick gefordert.

5.3 Unterscheidungsmerkmal 3: Gewinnorientierung

Im Normalfall ist davon auszugehen, dass ein kaufmännisch geführtes Unternehmen das Ziel verfolgt, Gewinn zu erzielen. Ob es sich dabei um den „maximal möglichen" oder um einen „angemessenen" Gewinn unter Berücksichtigung von

Restriktionen handelt, ist für die Strategieentwicklung mehrheitlich unerheblich.

Mit den erzielten Gewinnen kann das Unternehmen den oder die Kapitalgeber für das zur Verfügung gestellte Eigenkapital unter Berücksichtigung des eingegangenen Risikos entschädigen. Nicht ausgeschüttete Gewinne erhöhen das Eigenkapital – im Fall der Aktiengesellschaft über die Reserven – und werden vornehmlich für die Finanzierung von Wachstumsinvestitionen benötigt. Zudem bildet die Höhe des Eigenkapitals eine wichtige Entscheidungsgrundlage der Banken für die Kreditfinanzierung. Schließlich können eventuell in der Zukunft auftretende Verluste über diese Reserven buchhalterisch aufgefangen werden. Unternehmen werden deshalb langfristig nur überleben können, wenn sie angemessene Gewinne erzielen.

Es gibt aber auch Unternehmen, bei denen von ihrer Zweckbestimmung her nicht die Gewinnerzielung im Vordergrund steht, sondern eher eine spezielle Bedürfnisbefriedigung respektive Bedarfsdeckung. Sie werden als Non-Profitorganisationen (NPO) bezeichnet. Einige dieser Organisationen erhalten von staatlicher und/oder privater Seite Unterstützungszahlungen, so dass ihre ökonomische Zielsetzung sich auf die Realisierung eines guten Kostendeckungsgrades beschränkt.

Für den Prozessablauf der Strategieentwicklung ist es, wie bereits erwähnt, nicht entscheidend, ob ein Unternehmen gewinnorientiert agiert oder einfach kostendeckend arbeiten muss. Die Konsensfindung und die Güte der Ziele mögen jedoch bei den beiden Typen von Unternehmen unterschiedlich sein. Ich stelle bei gewinnorientierten Unternehmen hinsichtlich Konsensfindung in der Entwicklung von strategischen Zielen und der anschließenden Diskussion über die zu treffenden Maßnahmen eher eine „demokratische Mehrheitsentschlussfassung" fest, wohingegen bei nicht-gewinnorientierten Institutionen dieser Konsensfindungsprozess wichtiger ist und die treffende Wortwahl länger und intensiver debattiert wird. Weiter ist bei Letzteren die Zielgüte oft weniger quantitativ ausformuliert als bei gewinnorientierten Unternehmen.

Fazit

✓ Was die Wahl der Analyseinstrumente angeht, ergeben sich aufgrund dieses Unterscheidungsmerkmals kaum echte Unterschiede. Allerdings werden die Bearbeitungszeit und auch die Konsensfindung bei nicht-gewinnorientierten Unternehmen unter Umständen länger dauern und daher tendenziell höhere Kosten verursachen.

- ✓ Es ist durchaus üblich, dass sich Non- oder Not-for-Profit-Unternehmen bei der Analyse durchaus gerne in der Wahl der richtigen Worte, welche beispielsweise eine Stärke oder Schwäche in der Organisation umschreiben sollen, schwer einig werden. Es wird tendenziell viel mehr diskutiert. Politische, rechtliche oder einfach über Jahre eingefahrene Rahmenbedingungen können den Konsensprozess zudem erschweren.
- ✓ Entsprechend empfehle ich vor allem für nicht-gewinnorientierte Unternehmen fast zwingend eine externe Moderation, die unter Umständen die geforderte Außensicht einbringt und vor allem eine effiziente Prozessmoderation trotz kontroverser Dialogkultur sicherstellen kann.
- ✓ Weiter sind bei nicht-gewinnorientierten Unternehmen die Ziele oft weniger quantitativ ausformuliert. Das heißt, es wird unter Umständen mehr auf den Prozess geachtet, wie etwas erreicht werden kann, und weniger auf das, was erreicht wird. Natürlich lassen sich auch nicht immer alle Ziele so einfach messen, gerade hier fällt es nicht-gewinnorientierten Unternehmen viel leichter, eine subjektive, qualitative Einschätzung vorzunehmen.

5.4 Unterscheidungsmerkmal 4: Internationalität

Selbstverständlich macht es hinsichtlich der Strategieentwicklung einen beträchtlichen Unterschied, ob ein Unternehmen international arbeitet oder nicht. Selbst in Zeiten immer homogener werdender Märkte, durch Kommunikationstechnologien schwindender Grenzen und einer liberalen Wirtschaftspolitik, erhöht Internationalität die Komplexität des unternehmerischen Tuns entscheidend. Unterschiedliche rechtliche Voraussetzungen, Währungsunterschiede aber auch kulturelle Differenzen müssen Teil der strategischen Überlegungen von international agierenden Unternehmen sein.

Fazit

- ✓ In diesem Kontext wird beispielsweise der Schritt 5 mit den beiden Arbeitsblättern wirklich zentral, da sich alle Beteiligten zuallererst über die zentralen Werte und Wertvorstellungen und die daraus resultierenden Führungsleitsätze klarwerden müssen.

✓ Ist das, was im Mutterhaus in der Schweiz üblich ist, in der Filiale in Deutschland gleich anwendbar? Hat die Tochtergesellschaft in Italien womöglich andere Werte, welche die Mitarbeitenden als zentral sehen? Wie gehe ich mit dieser Diversität um? Diese Fragen hat ein international agierendes Unternehmen zu klären. Die Diversität dieser Unternehmen macht eine gemeinsame Zielorientierung für das Gesamtunternehmen umso wichtiger. Die Strategieentwicklung für das Gesamtunternehmen und das anschließende Runterbrechen von Zielen und Maßnahmen für die einzelnen Filialen oder Tochtergesellschaften ist von zentraler Bedeutung und Voraussetzung für ein zielorientiertes Führen des Unternehmens.

Wenn Unternehmen in verschiedenen Märkten, also meist auch in zunehmendem Maße international agieren, ergibt sich daraus in der Regel fast zwingend eine organisatorische Trennung in unterschiedliche Geschäftsbereiche. Damit sind sämtliche Kompetenzen für ein Produkt, eine Produktgruppe oder auch eine geografische Region, einer Division, oft organisiert als Profit Center, also einer strategischen Geschäftseinheit (SGE) zugeordnet. Dies hat natürlich unterschiedliche Voraussetzungen und Gegebenheiten zur Folge. Dementsprechend können oder müssen auch die strategischen Überlegungen unterschiedlich sein.

Selbst wenn in höchst unterschiedlichen Marktgebieten ein und dasselbe Produkt vertrieben wird, werden unter Umständen nationale Gesetze den Anbieter in jeder Marktregion zwingen, entsprechende Anpassungen zu machen. Diese Anpassungen, meist in Form von Produktmodifikationen, können marginal sein, in einigen Fällen aber auch einen beträchtlichen Ressourceneinsatz verlangen. Ziemlich sicher wird dies als Konsequenz zu unterschiedlichen Produkt-/Marktstrategien führen und möglicherweise jene Länder priorisieren, die die geringsten Anpassungen benötigen. Ein gutes Beispiel hierzu sind die Haftungsrisiken, die ein Anbieter eingeht, wenn er sein Produkt in den USA vertreiben will. Einzig die Versicherungsprämie für die USA macht etwa so viel aus, wie für den Rest der Welt. Darüber hinaus sind alle Mehraufwände, wie zum Beispiel Übersetzungskosten, zu berechnen. Das Unternehmen muss sich also gut überlegen, ob es den amerikanischen Markt überhaupt beliefern will.

Die Portfolio-Analyse

Die Portfolio-Analyse bietet eine Technik an, mit der Unternehmensstrategien gezielt für einzelne Geschäftsfelder formuliert und auf ihre Zweckmäßigkeit im Geschäftsalltag überprüft werden können (dies ist von besonderer Bedeutung für Veränderungen, den Wandel im Unternehmen).

Die Portfolio-Analyse beantwortet Ihnen Fragen wie:

- Führen die bisher bewusst oder unbewusst angewendeten Strategien pro Geschäftsfeld zum erwarteten, messbaren Erfolg oder müssen Sie den Mitteleinsatz pro Geschäftsfeld ändern?
- Lässt sich dieses Geschäftsfeld überhaupt erfolgreich weiterentwickeln oder können Sie darauf verzichten?
- Wie schaut Ihr Produktportfolio heute und in Zukunft aus? Ist es einseitig oder ausgewogen?

Zu diesem Zweck werden die Produkte oder Dienstleistungen des Unternehmens zunächst kategorisiert und in strategische Geschäftsfelder eingeteilt. Dies wird, wie wir gesehen haben, in Schritt 7 mit den entsprechenden Arbeitsblättern vorgenommen (vgl. Abschn. 3.7).

Dazu werden die in Schritt 7 gebildeten Geschäftsfelder nach Kriterien Ihrer Wahl (die BCG-Matrix verwendet beispielsweise die Kriterien „relativer Marktanteil" und „absoluter Marktanteil", siehe dazu auch Abb. 5.3) bewertet. Die von Ihnen gewählten Kriterien, die in Summe je einen Wert auf der X- und Y-Achse ergeben, bestimmen die Position des Kreises in der Matrix. Zur besseren Verdeutlichung der Wichtigkeit der einzelnen SGF sollten sie in Abhängigkeit des Umsatzes oder der notwendigen Investitionssumme unterschiedlich groß im Portfolio eingezeichnet werden. Die Kreisgröße entspricht dabei dem Umsatz des entsprechenden Geschäftsfeldes.

Abb. 5.2 zeigt eine einfache Matrix, ein sogenanntes Projektportfolio auf, bei dem unterschiedliche Projekte im Unternehmen nach den Kriterien „strategische Ausrichtung" (mit den Ausprägungen niedrig bis hoch) und „Kundennutzen" (mit den Ausprägungen niedrig bis hoch) dargestellt werden. Auch hier können mit der Kreisgröße beispielsweise die notwendigen oder budgetierten Projektkosten visualisiert werden.

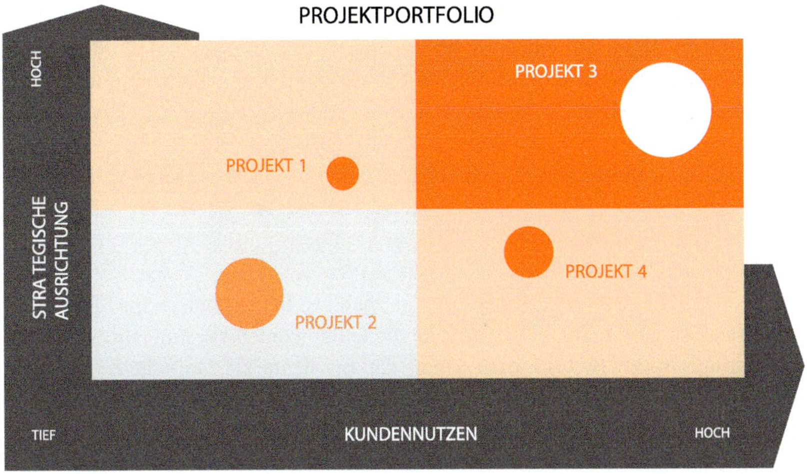

Abb. 5.2 Die Projektportfolio-Matrix. (Eigene Darstellung)

Tipp

- ✓ Portfoliodarstellungen helfen den beteiligten Personen, eine bessere Übersicht über gleichartige Elemente zu erhalten. Die durch die Einteilung in vier Segmente entstandene Bewertung der Elemente gibt Auskunft über die weitere, oft unterschiedliche Bearbeitung dieser.
- ✓ Dabei muss man auch verstehen, dass diese Bewertung natürlich auch abhängig ist von den gewählten Kriterien. Es ist demnach durchaus eine Frage der Kriterien, ob ein Element (wie beispielsweise ein Projekt, ein SGF, eine Produktgruppe etc.) attraktiv positioniert ist oder nicht.
- ✓ Man kann sich hier fragen, ob es denn überhaupt eine objektiv richtige Bewertung geben kann. In der Tat lässt sich darüber trefflich streiten, doch wichtiger als über die Kriterien zu streiten, ist der Nutzen, den man durch einen Mehrjahresvergleich erzielen kann. Dafür ist es notwendig, die Kriterien beizubehalten, um Entwicklungen, Veränderungen und Fortschritte im Laufe der Zeit zu visualisieren.

Sie können mit Hilfe der fertigen Portfolio-Analyse notwendige Strategien und gezielte Stoßrichtungen für Ihre unternehmensintern Geschäftseinheiten bestimmen, die sich aus der Verteilung der SGF in den Feldern des Portfolios ableiten lassen. Damit legen Sie einen wichtigen Grundstein für das Weiterbestehen des Unternehmens! Für Geschäftsfelder mit ablaufender Daseinsberechtigung sollte ein Liquidierungsplan erstellt werden. Im vorliegenden Beispiel der Abb. 5.2 wäre beispielsweise das Projekt 2 infrage zu stellen, da es viele Mittel bindet, einen eher geringen Kundennutzen bringt und von untergeordneter strategischer Relevanz ist. Das Projekt 3 (weißer Kreis) ist hingegen zu priorisieren.

Die BCG-Matrix

Als in den 1970er-Jahren immer mehr Unternehmen in ganz unterschiedlichen Geschäftsfeldern tätig wurden, entwickelte die Unternehmensberatungsfirma Boston Consulting Group (BCG) ein Konzept, das bis heute als Grundlage für unternehmerische Investitionsentscheidungen verwendet wird: die BCG-Matrix. Die BCG-Matrix erlaubt eine Bewertung strategisch relevanter Geschäftseinheiten auf Basis zukünftiger Gewinnchancen (Marktwachstum) und der gegenwärtigen Wettbewerbsposition (relativer Marktanteil) und kann so eine wichtige Grundlage strategischer Entscheidungen darstellen.

Die entstandene Verteilung der Geschäftseinheiten im Portfolio stellt die gegenwärtige und zukünftig zu erwartende Situation dieser dar. Sie gibt Aufschluss darüber, welche Ihrer Geschäftseinheiten einen großen Gewinn versprechen, welche noch viel Potenzial, jedoch womöglich auch viel Risiko mit sich bringen, in welche Sie besser nicht mehr investieren sollten und jene, deren Entwicklung noch sehr schwer vorauszusagen ist.

Die BCG-Matrix basiert auf der Annahme, dass Geschäftsfelder einen typischen Lebenszyklus durchleben. Dies bedeutet, dass sich ein Geschäftsbereich vom Question Mark, zum Star, von dort zur Cash Cow entwickelt und zum Schluss zum Poor Dog wird.

Abb. 5.3 zeigt eine BCG-Matrix mit ihren vier Feldern: Question Marks, Stars, Cash Cows und Poor Dogs. Sie stehen jeweils für eine bestimmte Kombination aus Marktwachstum und relativem Marktanteil und bedürfen einer bestimmten strategischen Zielsetzung.

Die Felder

- **Question Marks:** Geschäftsfelder, die in Wachstumsmärkten integriert sind, aber nur einen geringen relativen Marktanteil besitzen, werden in das „Question Marks"-Feld eingetragen. Sie befinden sich in der Einführungs- und Wachs-

Abb. 5.3 Die BCG-Matrix – Allgemeine Darstellung. (Eigene Darstellung)

tumsphase ihres Lebenszyklusses. Wenn keine Erfolgsaussichten erkennbar sind, wird das Geschäftsfeld unter Umständen desinvestiert und liquidiert. Geschäftsfelder, die jedoch erfolgreich aus ihrer Wachstumsphase hervorgehen, werden zu Stars.

- **Stars:** Geschäftsfelder, die in der Matrix dem Stars-Feld zugeordnet sind, zeichnen sich durch einen dominanten Marktanteil und ein hohes Marktwachstum mit einem positiven Cashflow aus.
- **Cash Cows:** Wenn die Wachstumsrate eines Geschäftsfeldes unter zehn Prozent im Jahr sinkt, wandern die „Star"-Geschäftsfelder in die Reife- und Sättigungsphase und werden damit zu sogenannten „Cash Cows". Sie zeichnen sich dadurch aus, dass sie noch Marktführer beziehungsweise hoch positioniert sind und einen hohen Cashflow einbringen, der für vielversprechende andere Geschäftsfelder genutzt werden kann.
- **Poor Dogs** sind jene Geschäftsfelder, die nur noch einen geringen relativen Marktanteil in einem nur noch langsam wachsenden oder sogar stagnierenden Markt aufweisen. Sie erbringen keinen angemessenen Cashflow mehr und sind somit in ihrer Degenerationsphase angelangt. Es ist zu empfehlen, in diese Geschäftsfelder nicht mehr zu investieren. Sie sind in dieser Phase für das Unternehmen die Auslaufprodukte oder die Bereiche, die sich am Lebenszyklusende befinden. In eher seltenen Fällen können diese Geschäftsfelder durch

einen Relaunch nochmals neu auf bestehenden Märkten lanciert werden. Es lässt sich immer wieder beobachten, dass Kunden – gerade dann, wenn sie Kenntnis erhalten, dass ein Produkt vom Markt genommen wird – beginnen, dieses in überdurchschnittlichem Maße zu kaufen, und damit einen erneuten Hype auslösen. Wenn dieser aber nicht lange anhält und das Produkt nicht weiterentwickelt oder modernisiert wird, ist dieses Aufbäumen oft nur von geringer Bedeutung und kurzer Dauer.

Vertiefendes Wissen: Die Achsenbezeichnungen in der BCG-Matrix

Der **relative Marktanteil** berechnet sich aus dem eigenen absoluten Marktanteil im Verhältnis zum absoluten Marktanteil des stärksten Konkurrenten (siehe Abb. 5.4).

Der **absolute Marktanteil** ergibt sich hingegen aus dem Verhältnis der verkauften Stückzahlen eines Unternehmens zur Gesamtverkaufsmenge des Marktes oder aus dem Verhältnis des Umsatzes des Produktes zum gesamten Marktumsatz.

Die Umsatzmethode kann durch unterschiedliche Konkurrenzpreise verzerrt werden. Ein relativer Marktanteil von mehr als 1,0 bedeutet die Marktführerschaft des eigenen Unternehmens.

Kleinst- und Kleinunternehmen haben hier oft das Problem, dass sie gar nicht über diese Marktinformationen verfügen und sie auch nur schwer in Erfahrung bringen können.

Mittelunternehmen und international tätige Unternehmen verfügen hingegen meist über relevantes Zahlenmaterial, aufgrund von Logistikunterlagen, Zollpapieren oder anderen Auswertungen von Branchen- und/oder Exportverbänden etc., und können so diese Berechnungen einfacher vornehmen.

Abb. 5.4 Berechnung des relativen Marktanteils. (Eigene Darstellung)

Falls entsprechende Zahlen nicht genau eruiert werden können, sollte im Zweifelsfall eine plausible Näherungsrechnung nach dem Grundsatz „lieber ungefähr richtig, als haargenau falsch" gemacht werden.

Geschäftsfelder mit einem sehr hohen relativen Marktanteil sind besonders erstrebenswert, da sie einen besonders hohen Cashflow generieren (Cash Cows, Stars). Dieser wird oft zur Finanzierung von anderen Geschäftsfeldern (Question Marks) genutzt.

Das Marktwachstum repräsentiert die Umwelt und die Höhe des gesamten Marktwachstums. Die Fünf-Prozent-Marke gibt das minimale Soll-Wachstum vor, wenn das Unternehmen seine Marktanteile und somit die Wettbewerbsposition behalten möchte. Marktwachstum ermöglicht Kostensenkungen, aufgrund von höheren Produktionsmengen – dies wird besonders häufig bei sogenannten Cash Cows angewandt. Liegt das Marktwachstum unter dieser Fünf-Prozent-Marke und ist auch der relative Marktanteil dieses Geschäftsfeldes gering, ist davon auszugehen, dass dieses Geschäftsfeld künftig noch mehr an Bedeutung und Einfluss verlieren wird.

Die Normstrategien der BCG-Matrix

Mit Hilfe der BCG-Matrix können Sie nun Ihre Geschäftsfelder einem der vier Bereiche zuordnen. Jeder Bereich verkörpert dabei eine sogenannte Normstrategie. Normstrategien geben Empfehlungen vor allem hinsichtlich Investitionen oder Desinvestitionen. Ihr Ziel ist es, Strategien für die einzelnen Geschäftsfelder so auszuwählen, dass ein langfristiges Überleben des Unternehmens gesichert werden kann.

Es lassen sich aus dem Portfolio vier Normstrategien ableiten, allerdings sollten diese an das gegebene Konzept des Unternehmens angepasst werden (siehe Abb. 5.5):

- Die **Investitionsstrategie** eignet sich sehr gut für die „Question Marks". Sie können durch die Investitionen ihre Marktpositionen verbessern und werden „Stars". Wenn die Strategie nicht greift, sollte so schnell wie möglich desinvestiert werden, damit Mittel frei werden, die für andere Geschäftsfelder und Märkte noch benötigt werden. Für das Portfolio in Abb. 5.5 wäre beispielsweise die Investitionsstrategie für die Geschäftsfelder B und E empfehlenswert.
- Die **Wachstumsstrategie** empfiehlt, die gewonnene Marktposition auszubauen, und den Markt gegen Konkurrenten abzuschotten sowie die Marktführerschaft zu verteidigen. Ein weiteres Ziel ist es, die relativen Kostenvorteile zu erhalten. Wachstumsstrategien eignen sich insbesondere für Stars (siehe Geschäftsfelder F in Abb. 5.5). Sie sind die vielversprechendsten Geschäftsfelder eines Unternehmens. Ihre Investitionen decken sie häufig bereits aus dem bereits hohen Cashflow.
- Die **Abschöpfungsstrategie** empfiehlt, die Einnahmenüberschüsse, die das Produkt erwirtschaftet, anderen Geschäftseinheiten zuzuführen und zu versu-

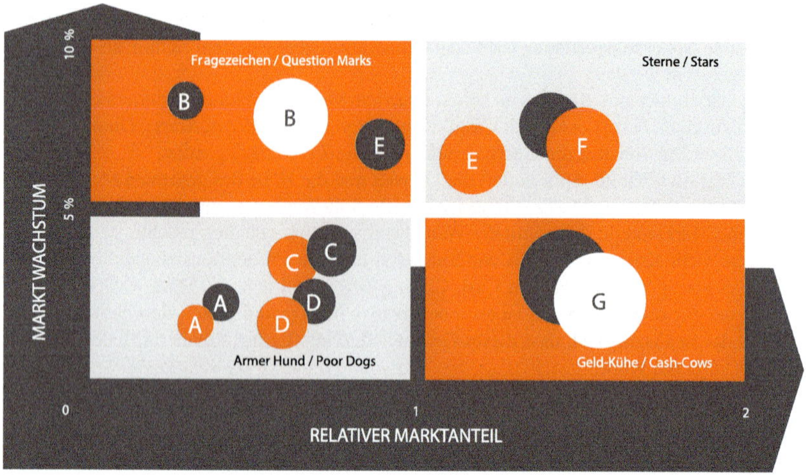

Abb. 5.5 BCG-Matrix – Darstellung der einzelnen Geschäftseinheiten (*dunkelgraue Kreise* – bisher; *orange* beziehungsweise *weiße Kreise* – gewünschte Zielpositionierung). (Eigene Darstellung)

chen, den Marktanteil zu erhalten. Diese Normstrategie ist ebenfalls für Stars relevant. Es sollten allerdings keine Anstrengungen mehr unternommen werden, um den Marktanteil weiter auszubauen. Spätestens in dieser Phase sollte der Abstoß der Geschäftseinheit geplant und eine Strategie nach der Trennung geplant werden (siehe Geschäftsfeld G in Abb. 5.5).

- Die **Desinvestitionsstrategie** empfiehlt sich dann, wenn die Märkte nur langsam wachsen oder stagnieren und der Cashflow weiter sinkt. Dies betrifft in erster Linie die Geschäftsfelder der Kategorie Poor Dogs (siehe Geschäftsfelder A, C, D in Abb. 5.5). Der Abstoß des Geschäftsfeldes sollte so schnell wie möglich durchgeführt werden, damit Ressourcen für neue/andere Produkte frei werden.

Vor- und Nachteile der Portfolio-Matrix

- Unterschiedliche Geschäftsfelder eines Unternehmens können sich durch das Portfolio am gleichen Maßstab messen.
- Die gewählten Strategien sind einfach dargestellt und dadurch quasi ablesbar.

- Durch die Veranschaulichung der Geschäftsfelder in der Matrix ergibt sich ein hoher Kommunikationswert.
- Es fehlt die Komplexität, d. h. gegenseitige Abhängigkeiten, die unter Umständen zwischen einzelnen Geschäftsfeldern bestehen, sind so nicht aus der Darstellung ersichtlich, können aber relevant sein.

Tipps

✓ Cash Cows lässt man in der Regel gut und gerne so sein, wie sie gerade sind, weil sie durch ihre hohen Cashflows enorm wichtige Liquidität für das Unternehmen erarbeiten. Dennoch müssen auch gut laufende Cash Cows gezielt gepflegt und beworben werden. Der Mitteleinsatz hierfür ist aber unterdurchschnittlich im Vergleich zu den Geschäftsfeldern der anderen Kategorien.

✓ Allgemeine Normstrategien helfen einem Unternehmen, die relevanten Stoßrichtungen festzulegen. Dennoch ist es unabdingbar, dass der spezifische Kontext und damit auch das aktuelle unternehmerische Problem angemessen berücksichtigt werden. In diesen Fällen kann es durchaus sinnvoll sein, auch einmal von einer Normstrategie abzuweichen. Dies sollte jedoch nur durch einen bewussten, begründeten Entscheid gemacht werden.

✓ Unter www.urs-frey.com können Sie unter Angabe Ihres Namens und Ihrer E-Mail-Adresse eine Excel-Datei downloaden, mit der Sie Ihre unternehmensspezifische Portfolio-Analyse umsetzen können!

5.5 Auswirkungen unterschiedlicher Komplexitäten auf Ihre Strategieentwicklung

Tab. 5.2 stellt Unternehmen mit den unterschiedlichen Komplexitätskriterien (Unternehmensgröße und Branche) den in Kap. 3 vorgestellten sieben Schritten der Strategieentwicklung gegenüber. Sie gibt damit Auskunft darüber, welche Schritte für welche Unternehmen empfehlenswert sind.

Tab. 5.2 Die sieben Schritte der Strategieentwicklung angewandt auf Unternehmen unterschiedlicher Komplexität (Grundlage: Die sieben Schritte der Strategieentwicklung aus Kap. 3)

		Schritte		
Unternehmensgrößen	Kleinstunternehmen	4	4	4
	Kleinunternehmen	3,4,5	3,4,5	1–4
	Mittelunternehmen			
	(National)	1–7	1–7	1–7
	(International)	1–7 3,6,7 vertieft	1–7 3,6,7 vertieft	1–7 3,6,7 vertieft
		Handel	DL	Produktion
		Volkswirtschaftlicher Sektor/Branche		

Literatur

Bundesamt für Statistik (2015). STAT-TAB: Die interaktive Statistikdatenbank. Unternehmen 2013, provisorische Ergebnisse. Daten abgerufen am 10.10.2015.

Fueglistaller, U. (2004). *Charakteristik und Entwicklung von Klein- und Mittelunternehmen (KMU)*. St. Gallen: KMU Verlag HSG.

PostFinance (2011). Umfrage im Auftrag der PostFinance bei 500 Schweizer Unternehmen. *ku-Führung von Kleinunternehmen*, *2011*(7), 4.

Strategieumsetzung

6

Dieses Buch ist, wie es der Titel verspricht, als Hilfestellung bei der Entwicklung Ihrer Unternehmensstrategie gedacht. Ich hoffe sehr, dass die vorangegangenen Kapitel dieses Versprechen halten konnten. In diesem letzten Kapitel möchte ich mich der Umsetzung Ihrer Strategie widmen. Sie ist genauso wichtig wie die Strategieentwicklung und in der Praxis in vielen Fällen der Grund für das Scheitern von Strategien. Strategieumsetzung erfordert genauso wie Strategieentwicklung ein strukturiertes Vorgehen, Professionalität und Konsequenz.

Der Grund für die „etwas unwürdige" Positionierung dieses zentralen Themas am Ende liegt einzig und allein bei der Themenstellung des Buches. Allerdings ist es mir noch ein Anliegen, Ihnen diesen wichtigen Link zwischen Strategieentwicklung und -umsetzung mitzugeben. Ich möchte Sie noch wissen lassen, wie Sie die Umsetzung dessen, was Sie in Ihrem Strategiepapier erarbeitet haben, vorbereiten können.

Dementsprechend wird Ihnen dieses Kapitel zeigen

- wie Sie Ihren strategischen Zielen konkrete Maßnahmen zuordnen können und was Sie dabei beachten sollten.
- welche Auswirkungen die Komplexität dieser Maßnahmen auf deren Umsetzung hat und wie Sie das organisatorisch lösen können.
- was Sie bei der Strategieumsetzung unbedingt berücksichtigen und wovon Sie besser die Finger lassen sollten.
- wie Sie die Strategieumsetzung in KMU wirkungsvoll angehen können.

U. Frey, *Vertrauen durch Strategie*, DOI 10.1007/978-3-658-12940-8_6

Das Geheimnis einer erfolgreichen Strategieumsetzung

Strategieentwicklung ist nicht Selbstzweck. Sie beantwortet vielmehr die immer wiederkehrende Frage nach der Daseinsberechtigung eines Unternehmens. Die Entwicklung einer Strategie allein genügt jedoch noch nicht, denn erst die erfolgreiche Umsetzung der Strategie sichert das Fortbestehen und die Weiterentwicklung eines Unternehmens.

Obwohl Strategieentwicklung und -umsetzung meist inhaltlich und zeitlich getrennt voneinander betrachtet werden können, bedingen sie sich gegenseitig. Das eine ist ohne das andere sinnlos. Für mich ist es immer wieder interessant zu beobachten, dass die an einem Strategieentwicklungsprozess beteiligten Personen bereits vor dem offiziellen Start eines neuen Strategieprozesses beginnen, gewisse Maßnahmen quasi proaktiv umzusetzen. Damit geben sie der Strategie die notwendige Praxistauglichkeit und verknüpfen – oft unbewusst – Strategieentwicklung und -umsetzung. Wenn ich beispielsweise weiß, dass wir aufgrund des laufenden Strategieprozesses ein bestimmtes Marktgebiet künftig mit einem Kooperationspartner bearbeiten werden, wird eine aktuelle Kundenanfrage aus genau diesem Marktgebiet sinnvollerweise bereits umgehend an diesen Kooperationspartner weitergeleitet.

Obwohl bereits zahlreiche Bücher und Artikel über erfolgreiche Strategieumsetzung geschrieben worden sind, sucht man meist vergebens nach Gemeinsamkeiten und nach der großen Wahrheit. Entsprechend gibt es nicht den einzig richtigen Weg für die Strategieumsetzung. Das eigentliche Erfolgsrezept hinter allen umgesetzten Strategien erschließt sich auch nicht auf den ersten Blick, sondern liegt vielmehr hinter dem Sichtbaren verborgen. Meiner Erfahrung nach sind es die Zielorientierung und die Professionalität der Umsetzung, die erfolgreiche von den weniger erfolgreichen Unternehmen unterscheiden. Die erfolgreichen Akteure halten sich an bestimmte, im Voraus vereinbarte Regeln, nehmen ihre Aufgaben konsequent wahr und setzen die notwendigen Instrumente und Werkzeuge dort gekonnt ein, wo sie die größtmögliche Wirkung entfalten.

6.1 Die ewige Suche nach der perfekten Strategieumsetzung

Jeder Strategieentwicklungsprozess endet mit der Umsetzung der beschlossenen Maßnahmen. Die Strategieumsetzung ist genauso wie die Strategieentwicklung ein Prozess: Die beiden Prozesse bedingen und steuern sich gegenseitig. Sie werden zwar meist – so auch in meinem Buch – getrennt betrachtet, sind aber strukturell verbunden, d. h. es gibt keine Umsetzung ohne Strategie und umgekehrt, keine

Strategie ohne Umsetzung. Daraus lässt sich auch ableiten, dass die Mitarbeit an einem Strategieentwicklungsprozess für die Beteiligten bereits eine erste Basis für die Umsetzung der beschlossenen Maßnahmen und damit den ersten Meilenstein für den späteren Erfolg legt. Zu Recht folgt an dieser Stelle der Appell: „Machen Sie mit der Strategieentwicklung Betroffene zu Beteiligten.“ Vertrauen Sie Ihren Führungskräften, ja all Ihren Mitarbeitenden, denn sie sind es, welche eine Strategie am Markt erfolgreich umsetzen.

Immer wieder werde ich in Strategieprojekten mit der Frage konfrontiert, wie denn der ideale Umsetzungsprozess ablaufe. Diese Frage beherrscht auch einen großen Teil der Strategieliteratur und bedeutet für eine beachtliche Anzahl von Organisationsveränderern aller Art, in und außerhalb Ihres Unternehmens, ihr täglich Brot. Ich aber glaube, dass diese Frage nie zufriedenstellend beantwortet werden kann. Nach beinahe zwei Jahrzehnten praktischer Erfahrung mit erfolgreichen Strategieumsetzungsprozessen und aufgrund meiner persönlichen Beobachtungen von Strategieprozessen in Unternehmen, die ich teilweise über mehrere Strategiezyklen begleitet habe, und nicht zuletzt durch etliche vertiefte und kontroverse Gespräche über Sinn und Zweck der Strategieentwicklung mit Inhabern und Führungskräften an Weiterbildungsveranstaltungen der Universität St. Gallen, bei Keynote-Referaten in ausgewählten Unternehmen oder Institutionen bin ich zu dem Schluss gekommen, dass es diesen einen allgemein gültigen, einzig richtigen Umsetzungsprozess gar nicht gibt.

Diese Erkenntnis mag auf den ersten Blick überraschend sein und sicher auch Irritationen auslösen. Sie ist aber logisch und konsequent und folgt dem Prinzip der Einzigartigkeit beziehungsweise der in Kap. 4 erwähnten und geforderten Differenzierung. Jede Strategie ist einzigartig und so ist es zwangsläufig auch der Weg zur Umsetzung dieser Strategie. Es mag meiner Erfahrung nach auch erklären, warum es nicht funktioniert, eine öffentlich zugängliche beziehungsweise breit kommunizierte Unternehmensstrategie von einem Konkurrenzunternehmen zu kopieren und erfolgreich umzusetzen. Es sind die Menschen, die am Strategieentwicklungsprozess beteiligt sind und die das Vertrauen, das man in sie gesteckt hat, durch konsequentes und zielstrebiges Handeln erwidern und so einer Strategie in der Umsetzung den Erfolg bescheren. Das „kopierte“ Strategiepapier alleine vermag diesen Effekt nämlich nicht annähernd herbeizuführen. An dieser Stelle plädiere ich auch ganz klar für die aktive und offene Kommunikation einer Unternehmensstrategie. Je mehr Mitarbeiter einer Firma aus erster Hand, stufengerecht kommuniziert und möglichst klar für ihren Zuständigkeitsbereich zutreffend ausformuliert, wissen, was ihr Unternehmen erreichen will, desto mehr von ihnen setzen sich an ihrem Arbeitsplatz mit ihrer Zukunft auseinander und wollen diese aktiv mitgestalten.

6.2 Sieben Prinzipien einer erfolgreichen Strategieumsetzung

Prinzipien sind Regeln, die aufzeigen, wie die richtigen Werkzeuge anzuwenden sind, um die geforderten Aufgaben zu erfüllen. Um welche Werkzeuge es sich dabei handelt, erfahren Sie im nächsten Kapitel. Hier geht es um das WIE. Hier geht es um jene Dinge, die Sie im Hinterkopf behalten sollten, wenn Sie Ihre Strategieumsetzung angehen.

Dies erfordert kein ausgeprägtes Talent, sondern die Bereitschaft, sein Handeln zu hinterfragen und die Offenheit, Gefahren, die meist in Form von Irrtümern auftauchen, anzuerkennen. Des Weiteren ist für den geplanten Erfolg einer Maßnahme oder eines Projekts hauptsächlich ein gewisses Maß an persönlicher Disziplin notwendig.

Nachfolgende Prinzipien sind das Ergebnis meiner Erfahrungen, die ich bei zahlreichen Strategiemandaten sammeln konnte. Ich habe sie hier für Sie zusammengefasst und erläutert:

Prinzip 1: Kundenorientierung hat Vorrang

Meine Erfahrung zeigt, dass Strategien häufig die Ausweitung der bisherigen Marktstellung (vgl. dazu die Ausführungen zur Produkt-Markt-Matrix von Ansoff unter Abschn. 4.2), eine für die Kunden wahrnehmbare Qualitätsverbesserung, den Aufbau oder Ausbau von Serviceleistungen, die Verbesserung der internen Kommunikation und weitere Ziele zum Inhalt haben. Meist lautet das übergeordnete Ziel: Wachstum durch Verbesserung der internen Prozesse und durch mehr Umsatz. Wird diese Umsetzung ohne entsprechende Unterstützung durch Experten begonnen, ist der erste Schritt meist der Aufbau neuer Strukturen oder weiterer Controllingsysteme. Schnell wird eine Arbeitsgruppe eingesetzt, die sich den internen Strukturen und neuen Prozessabläufen widmen soll. Damit ist leider bereits der erste verhängnisvolle Grundstein für die Innenorientierung (nämlich die fast ausschließliche Konzentration auf sich selbst) gelegt. In der Praxis führt dieser Weg schnell ins Abseits, da die für den Erfolg im Markt absolut notwendige Kundenorientierung fehlt. Strategische Unternehmensführung heißt nämlich auch primär, sich intensiver an den effektiven Kundenbedürfnissen und -wünschen zu orientieren. Gelingt dies, ist ein Wachstum hingegen kaum mehr aufzuhalten Letzten Endes sind es immer die Kunden, die unsere Leistungen (Produkte und Services) kaufen und so die Entwicklung unseres Unternehmens maßgeblich bestimmen. Gelingt es, den richtigen Platz im Kopf des Kunden zu besetzen, sind Marktstellung, Umsatzsteigerungen und Erträge fast schon unausweichliche

Folgeerscheinungen. Gerade heutzutage legt für viele Dienstleister das Empfehlungsmarketing (Mund-zu-Mund-Werbung) zufriedener Kunden die Basis und damit einen maßgeblichen Anteil für das anschließende Wachstum. Zufriedene Kunden multiplizieren und kommunizieren unsere Werbebotschaften und führen uns zu potenziellen Neukunden.

Prinzip 2: konsequente Ergebnisorientierung und Konzentration der Kräfte
Ergebnisorientierung, also die Orientierung an messbaren Resultaten, heißt, sich Ziele zu setzen und diese mit Konzentration, Konsequenz und Disziplin zu verfolgen. Strategieumsetzung ist derjenige Prozess, der bewusst ausgewählte Ressourcen in Ergebnisse verwandelt. Der Beurteilungsmaßstab ist das Erreichen von Zielen und die Erfüllung von Aufgaben durch geeignete Maßnahmen. Mitarbeitende müssen hier Vertrauen haben, dass Wirkungszusammenhänge, die sie vielleicht nicht immer gleich nachvollziehen können, letztlich zum Erfolg führen, wenn sie genau das machen, was von ihnen verlangt wird. Was immer der Ausgangspunkt bei der Strategieentwicklung war, gemessen wird der Erfolg an der Erreichung der definierten Ziele unter Berücksichtigung ihrer Veränderungen während des Prozesses der Strategieumsetzung.

Dazu möchte ich Ihnen ein Beispiel erzählen: Ein Bauunternehmer hat den elterlichen Betrieb vor einigen Jahren als familieninterner Nachfolger von seinem Vater übernommen. Das Unternehmen erwirtschaftete seither jedoch eher bescheidene Erträge, da das Unternehmen mit dem bisherigen Angebot immer mit der Konkurrenz vergleichbar war. Traditionell fühlte man sich mit dem Bau von Einfamilienhäusern und kleinen Überbauungen zwar gut positioniert. Für dieses Geschäftsfeld wurde sogar eine spezielle Strategie entwickelt. Schon während der Umsetzung zeigte sich aber, dass zwar die Maßnahmen zu einer Verbesserung führten, sie aber letztlich keine nachhaltig ausreichenden Deckungsbeiträge erzielen können. Erfolgreich wurde das Unternehmen in diesem Geschäftsfeld erst, als es sich vom „reinen Ausführer" zum Generalunternehmer entwickelt hatte.

Keine Aufgabe kann immer Spaß machen. Daher ist die Forderung, dass die Strategieumsetzung immer Freude machen soll, faktisch unerfüllbar. Es gibt immer wieder Phasen, in denen sich Projektsitzungen langatmig hinziehen, Entscheidungen zu spät fallen oder der normale Alltag unsere ganze verfügbare Kraft fordert. Daher erscheint die Forderung, dass die Ergebnisse Freude bereiten sollen, vernünftiger. Dies zielt genau auf diese Regel ab. An den Ergebnissen werden wir gemessen, daher sollen sie auch Freude machen. Wie man leicht erkennen kann, unterstützen sich die beiden ersten Prinzipien gegenseitig. Ergebnisorientierung bewirkt Kundenorientierung und umgekehrt ist die zwangsläufige Folge von Kundenorientierung eine Ergebnisverbesserung. Die Beschäftigung mit sich selbst hingegen erzeugt kaum spürbare Kraft in Richtung einer Ergebnisverbesserung.

Eine ausformulierte Unternehmensstrategie beinhaltet auch eine große Anzahl an Zielen, Projekten und Maßnahmen, die es zu verfolgen, zu betreuen und umzusetzen gilt. Dies ist aufgrund der langfristigen Wirkung, also der Dauer einer Strategie, normal. Daher ist die Wahrscheinlichkeit entsprechend groß, sich bei der Strategieumsetzung zu verzetteln. Erfolgreiche Umsetzungsprozesse beschränken sich darauf, nur eine kleine Anzahl sorgfältig ausgewählter Projekte gleichzeitig laufen zu lassen. Dadurch können Wirkung und Erfolg sichergestellt werden. Der totalen Überlastung der Mitarbeitenden kann so effektiv vorgebeugt werden. Projektzeiten von Mitarbeitern gehen immer zulasten der täglichen Arbeitszeit. Gleichzeitig sollen gerade in KMU unnötige Doppelspurigkeiten aus Ressourcengründen vermieden werden.

Tipps

- ✓ Formulieren Sie Ihre Ziele so, dass sie messbar sind.
- ✓ Kommunizieren Sie diese Ziele offen Ihrer Belegschaft und lassen Sie sie auch wissen, wie der Weg dahin aussehen wird. Damit erhöhen Sie die Bereitschaft Ihrer Mitarbeiter, diesen Weg auch aktiv mitzugehen.
- ✓ Räumen Sie Ihren Mitarbeitern ein Mitspracherecht ein – das gilt auch für die Festlegung der Ziele. Je mehr Sie Ihre Mitarbeiter einbinden, desto mehr Commitment können Sie erwarten!
- ✓ Achten Sie darauf, Ihre Ziele auf das alltägliche Tun Ihrer Mitarbeiter runter zu brechen! Das kann beispielsweise heißen, dass ein übergeordnetes Ziel wie „eine höhere Kundenzufriedenheit erreichen" unter Umständen für einen Servicemitarbeiter bedeutet, dass er schneller vor Ort sein muss und gleichzeitig mehr Ersatzmaterial für kleine Reparaturen im Servicewagen mitführen muss, um genau diese höhere Zufriedenheit zu erreichen.

Prinzip 3: Arbeiten Sie im Team nach dem Grundsatz: so wenig wie möglich, so viel wie nötig

Um es gleich vorweg zu sagen, ich bin kein Gegner von Teamarbeit. Es ist in der heutigen Arbeitswelt unabdingbar, Mitarbeiter einzubeziehen, aber nicht bei jeder sich bietenden Gelegenheit. In manch größeren Unternehmen hat man das Gefühl, als ob Führungskräfte das, wofür sie eigentlich bezahlt werden, nämlich Entscheidungen zu treffen, ständig zu delegieren versuchen. Dadurch werden viel zu oft Sitzungen mit etlichen Personen notwendig. Ein Phänomen, das bei vielen Menschen überhaupt erst Zeitknappheit hervorruft. Die Frage lautet nicht: Können wir diese Aufgabe einem Team übertragen? Sondern: Muss diese Aufgabe unbedingt durch ein eventuell sogar noch bereichsübergreifendes Team gelöst werden? Besser noch: Kann diese Aufgabe gar nicht anders gelöst werden?

Dann, und wirklich nur dann, ist es sinnvoll, diese Aufgabe außerhalb der bestehenden täglichen Arbeitsabläufe als eigenständiges Projekt zu organisieren (siehe dazu Abschn. 6.4 Projektdefinition).

Tipps
Unabdingbare Voraussetzungen für herausragende Teamleistungen sind:

✓ Überlegen Sie sich im Vorfeld, ob Teamarbeit für diese Aufgabe einen Mehrwert bringt.
✓ Wählen Sie überlegt aus, welche Mitglieder Sie in Ihr Team holen! Beachten Sie dabei, dass es nicht nur inhaltliche Experten, sondern auch Personen braucht, die andere wichtige Funktionen ausüben (z. B. der Kreative, der Meinungsbildner, der Umsetzer etc.).
✓ Nehmen Sie sich Zeit für die Teamarbeit. Geben Sie Ihren Teammitgliedern die Möglichkeit, ihre Ansichten einzubringen, versuchen Sie die Stimmung im Team zu beobachten (z. B. durch ein regelmäßiges Blitzlicht) und nehmen Sie Konflikte im Team ernst.
✓ Organisieren Sie die Kommunikation im Team: Wann, wie oft und wer trifft sich?
✓ Klären Sie die Rollen im Team und machen Sie Erwartungshaltungen transparent.

Prinzip 4: Respekt vor gelebten Traditionen
Organisieren heißt primär verbindliche Regeln aufstellen. Im Umkehrschluss heißt das wiederum nichts anderes, als dass Regeln und Normen Grundlage jeder Arbeitsgruppe, jedes Unternehmens, ja eigentlichen jedes sozialen Systems sind. Regeln und Normen entstehen häufig aus gemeinsamen erlebten Geschichten und Ritualen. Was davon Bestand hat, also Rituale, die innerhalb der Organisation gepflegt, oder Geschichten, die immer wieder genau so, ähnlich oder unter Umständen auch angereichert um die eine oder andere persönliche Anekdote erzählt werden, werden als Tradition und in ihrer Summe auch als Unternehmenskultur

bezeichnet (vgl. dazu Abschn. 2.2). Ein abrupter Bruch mit diesem Selbstverständnis eines Unternehmens würde vermutlich dessen vorübergehende Unsteuerbarkeit bedeuten und im schlimmsten Fall zur Auflösung des Unternehmens führen.

Traditionen gewährleisten den inneren Zusammenhalt in einem Unternehmen, daher ist ihnen mit Respekt zu begegnen. Zwei der wichtigsten Fragen in der Strategieumsetzung lauten daher:

- Was ist das Positive an unseren Werten?
- Was davon muss in der Zukunft auch erhalten bleiben?
- Das bewusste Leben von und das gezielte Adressieren dieser Traditionen führt auch zu einem gesteigerten Vertrauen in das Unternehmen und die darin arbeitenden Menschen. Doch dazu noch mehr in Prinzip 5.

Tipps

✓ Diskutieren und erarbeiten Sie sich hier gemeinsam ein Werteprofil, welches Ihre Meinungen und Einschätzung wiedergibt und hinter dem Sie als Strategiegruppe geeint stehen können.
✓ Nehmen Sie dafür die Arbeitsblätter 5.1 Vision und Wertvorstellungsprofil und 5.2 Leitsätze und neue Vision zu Hilfe.
✓ Wichtig ist der Dialog unter den Beteiligten! Nur das, was wirklich aus echter innerer Überzeugung gemeinsam beschlossen wird, hat über die nächsten Jahre Bestand und wird auch wirklich so gelebt werden.
✓ Unter Umständen lohnt es sich auch, das einmal Erarbeitete etwas ruhen zu lassen, um beispielsweise einen Monat später die Ergebnisse nochmals gemeinsam aus voller Überzeugung zu verabschieden.

Prinzip 5: Vertrauen leben

Ein ständiger Begleiter der Strategieumsetzung ist die Unsicherheit. Die Zukunft ist nicht exakt planbar, daher sind schwierige Situationen eigentlich vorprogrammiert. Die Praxis lehrt, dass Mitarbeiter dann bereit sind, ihren Führungskräften zu folgen, wenn sie ihnen vertrauen. Interessanterweise existiert dieser Vertrauensvorschuss unabhängig vom Führungsstil. Jede Führungskraft macht Fehler, ob sie will oder nicht. Entscheidend ist allerdings, ob diese Fehler Auswirkungen auf das gegenseitige Vertrauen haben oder nicht. Vertrauen entsteht rekursiv, dies bedeutet, in der täglichen Führungssituation müssen die Mitarbeiter eine Vorleistung erbringen, sie schenken dem Vorgesetzten Vertrauen. Werden diese oft unbewussten, das heißt nicht explizit ausformulierten Erwartungen erfüllt, dann ist ein Vertrauen entstanden.

Bei der Strategieumsetzung betreten Sie in der Regel unbekanntes Terrain. Die Mitarbeiter Ihres Unternehmens folgen Ihnen genau dann, wenn es Ihnen in der Vergangenheit gelungen ist, ein robustes Vertrauensverhältnis aufzubauen. Nebenbei erwähnt gilt dies gleichermaßen für den Großteil Ihrer Kunden – selbst in Zeiten hoher Wechselbereitschaft.

Halten Sie sich immer in Erinnerung, dass die produktivste und damit herausragende Ressource eines jeden Unternehmens ein fähiger Mitarbeiter ist, den man arbeiten lässt und der durch nichts darin behindert wird. Das wiederum verlangt Ihnen als Führungskraft Vertrauen in Ihre Mitarbeiter ab. So wie Sie von Ihren Mitarbeitern verlangen, Ihren Anweisungen zu folgen, auch wenn diese im Moment vielleicht nicht vollständig nachvollzogen werden können, so liegt es auch an Ihnen, Ihren Mitarbeitern diesen Vertrauensvorschuss zu schenken. Mitarbeiter, die die Freiheit genießen, durch selbsterarbeitete Wege vereinbarte Ziele zu erreichen, sind tendenziell zufriedener, motivierter und auch leistungsbereiter. Gewähren Sie Ihren Mitarbeitern diese Selbständigkeit! Denken Sie dabei an sich selbst. Womöglich haben auch Sie, wie die meisten Selbständigen, Ihr Unternehmen nicht gegründet, um damit viel Geld zu verdienen. Gründer entscheiden sich zur Selbständigkeit, um sich besser selbst zu verwirklichen, mehr Freiheiten zu haben, oder eine eigene Idee zu verfolgen, die niemand im bestehenden Unternehmen würdigt und aufgreift.

Überlegen Sie für sich selbst: Was waren damals die Gründungsideen für Ihr Unternehmen? Wie leben diese heute noch im Unternehmen? Welche Auswirkungen haben diese auf Strategie und Ertrag? Welche Anpassungen wären dringend notwendig und auch sinnvoll?

Tipps

Nachfolgende Regeln sind beim Aufbau von Vertrauen wichtig:

- ✓ Hören Sie Ihren Mitarbeitern konzentriert zu, wenn sie Ihnen etwas sagen wollen.
- ✓ Suchen Sie niemals nach Schuldigen in Problemsituationen, sondern immer nach Lösungen.
- ✓ Sprechen Sie Probleme, die da sind, offen an. Gemeinsame Probleme verbinden Menschen in Ihrem Drang sie (gemeinsam) lösen zu wollen. Vermeiden Sie es, von Herausforderungen zu sprechen, diese sind näm-

lich für alle Mitarbeiter höchst unterschiedlich und tragen wenig bis gar nichts zur geforderten Einheit und Vertrauensbildung bei.

✓ Kommunizieren Sie Probleme permanent in ihrer gesamten Entwicklung, so dass unpopuläre Entscheidungen, die am Endpunkt einer Entwicklung stehen, verstanden werden. Nur so gelingt es Ihnen, das Vertrauen auch in schwierigen Situationen zu erhalten.

✓ Befolgen Sie bei Problemen zwingend nachfolgenden Grundsatz: Versuchen Sie gemeinsam mit Ihrem Team 90 % Ihrer Zeit dem tieferen Verständnis und dem näheren Ergründen Ihres Problems zu widmen. Wenden Sie nur zehn Prozent Ihrer Zeit für die Diskussion von Problemlösungen auf. Und immer in dieser Reihenfolge!

✓ Bleiben Sie sich treu, denn ein bestimmter Führungsstil ist für den Vertrauensaufbau nicht wichtig. Authentizität hingegen schon.

✓ Machen Sie Ihren Mitarbeitenden im Unternehmen klar: Wer das Vertrauen missbraucht, hat mit unausweichlichen Sanktionen zu rechnen. Zeigen Sie Konsequenz und handeln Sie, wenn es anders nicht mehr geht.

Prinzip 6: Permanente Kommunikation

Als Information sind verknüpfte Daten heutzutage als Produktionsfaktor nicht mehr wegzudenken. Nach dem Zeitalter, je weniger meine Mitarbeiter wissen, umso glücklicher sind sie, schlägt das Pendel nun rasant in die andere Richtung, d. h. ins Gegenteil, aus. Der neue Grundsatz lautet: Jeder wird immer über alles informiert. Der Aufbau und die immer eingehendere Nutzung von Netzwerken, Social-Media-Plattformen und die beinahe pausenlose Berieselung durch die Medien mit sogenannten Neuigkeiten aus aller Welt führen zu einer völligen Informationsüberflutung. Nach einem 14-tägigen Urlaub müssen sich Mitarbeiter durch hunderte E-Mails durcharbeiten, von denen im besten Fall höchstens zehn Prozent für sie relevant sind.

Trotzdem sollten Sie mit Ihren Mitarbeitern permanent kommunizieren. Aber richtig! Entscheidend dabei ist der Filter: Achten Sie darauf, Ihre Mitarbeiter mit den wesentlichen und richtigen Informationen zu versorgen. Gelingt dies nicht, erzeugen Kaffeeklatsch und Latrinengespräche ungewollte Nebengeräusche, die dann zu den berühmten Gerüchten und daraus entstehenden Ängsten und damit letztlich zu einem Vertrauensverlust während der Strategieumsetzungsphase führen.

Tipps

- ✓ Bleiben Sie mit Ihren Mitarbeitern in Kontakt – sowohl in der Strategieentwicklung als auch in der Strategieumsetzung. Informieren Sie Ihre Mitarbeiter über Ihre Vorhaben und räumen Sie Ihnen Mitspracherecht und Gestaltungsspielraum ein.
- ✓ Versuchen Sie, die Information an Ihre Mitarbeiter so zu gestalten, dass sie verständlich und für ihren Arbeitsalltag maßgeblich ist. Nehmen Sie die Brille der Führungskraft einmal bewusst ab und versuchen Sie, sich in die Situation Ihrer Mitarbeiter zu versetzen. Was bedeutet die Information für deren Arbeitsalltag? Kommunizieren Sie die Dinge, die Ihnen wichtig sind, verständlich?
- ✓ Wenden Sie sich auch und vor allem dann an Ihre Mitarbeiter, wenn Probleme im Raum stehen! Sprechen Sie Probleme direkt an, beschönigen Sie nichts und nehmen Sie dazu Stellung. Verabsäumen Sie das, geben Sie Gerüchten freien Lauf!
- ✓ Vergessen Sie auch nicht, mit Ihren Kunden, Lieferanten und Kooperationspartnern in Kontakt zu bleiben. Gerade für KMU ist dieser persönliche Kontakt häufig erfolgsentscheidend!

Prinzip 7: Projekte professionell managen
Ihre Strategiearbeit hinterlässt Ihnen ein Bündel an Maßnahmen, von denen zumindest einige als Projekte abgewickelt werden müssen (siehe Abschn. 6.4). Ihre Fähigkeit, diese Projekte professionell abzuwickeln, wird wesentlich über den Erfolg Ihrer Umsetzung entscheiden.

Projektmanagement beginnt bei der professionellen Projektbeauftragung. Damit ist kein Telefonat mit dem Projektleiter Ihrer Wahl gemeint, dem Sie mitteilen, „er solle sich einmal darum kümmern" und „sich bei Ihnen melden, wenn er etwas brauche". Professionelle Projektbeauftragung meint zuallererst einen von Projektauftraggeber und Projektleiter unterschriebenen Projektauftrag. Dieser soll neben den Zielen, den Hauptaufgaben, dem zur Verfügung gestellten Budget und den freigestellten Ressourcen auch die namentlich genannten Projektteammitglieder beinhalten. Mit ihren Unterschriften verpflichten sich der Projektauftraggeber, die im Auftrag definierten Kosten und Ressourcen bereitzustellen, und der Projektleiter, die Ziele innerhalb des definierten Rahmens zu verwirklichen.

Insbesondere erfolgskritisch ist natürlich die Projektplanung. Hier wird konkretisiert, welche Maßnahmen zur Erreichung der im Projektauftrag definierten Ziele notwendig sind. Zwei Dinge sind dabei insbesondere hervorzuheben: Achten Sie darauf, Ihre Projekte ganzheitlich zu planen. Um Ihre Ziele umsetzen zu können, benötigen Sie Maßnahmen (Leistungen), Zeit (Termine), Kosten und Ressourcen, ein entsprechendes Team und außerdem sollten Sie auch den Kontext (z. B. Schnittstellen zu anderen Maßnahmen, Abteilungen) einbeziehen. Die Abhängigkeiten zwischen diesen Hauptelementen werden im sogenannten „Magischen Fünfeck des Projektmanagements" (Etzel et al. 2000) dargestellt (Abb. 6.1). Außerdem sei Ihnen als Projektleiter dringend empfohlen, die Projektplanung nicht im Alleingang, sondern gemeinsam mit Ihrem Projektteam zu machen. Erfahrungen haben gezeigt, dass im Team erstellte Planungen realistischer sind und die Bereitschaft des Teams, sich an die Planung zu halten, dadurch erheblich erhöht wird.

Die drei Hauptzielsetzungen des Projektmanagements waren schon immer das Erreichen des Projektziels mit der geforderten Qualität innerhalb eines bestimmten Zeitraums. Ein Risiko dabei sind immer die Kosten. Sie stehen für den Aufwand an Finanzmitteln, Arbeitskraft (interne und externe) und weiteren Ressourcen, die eingesetzt werden, um das Ziel zu erreichen. Man sprach dabei vom Magischen

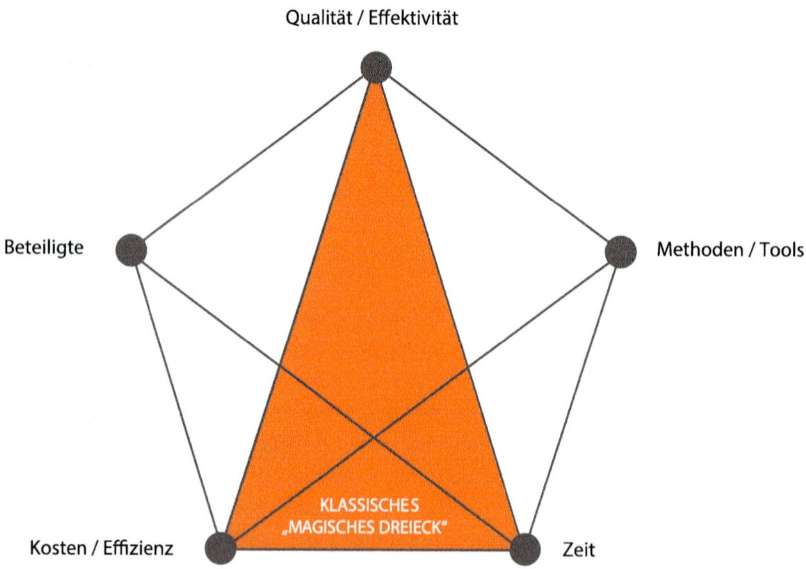

Abb. 6.1 Magisches Fünfeck des Projektmanagements. (Eigene Darstellung, in Anlehnung an Etzel et al. 2000)

Dreieck (oranger Bereich in Abb. 6.1). Aktuellere Überlegungen führten zu dem Magischen Fünfeck aus Abb. 6.1, in dem zwei Faktoren hinzukommen: Methoden/Tools und beteiligte Mitarbeiter. Der Einsatz von Projektmanagementmethoden und unterstützenden Werkzeugen hat Einfluss auf die Faktoren Zeit, Kosten und Qualität. Ebenso sind die Mitarbeitermotivation und -qualifikation sowie deren Führung von großer Bedeutung.

Um ein regelmäßiges Controlling werden Sie selbstverständlich nicht herumkommen, auch wenn das Kontrollieren wohl eine der unbeliebtesten Aufgaben vieler Menschen ist. Entgegen der weitverbreiteten Meinung kontrollieren Führungskräfte meist nicht gerne, es muss aber sein. Ist man an der Qualität der Umsetzung interessiert, muss die Kontrolle wirklich ernst genommen werden. Das Allerwichtigste beim Controlling ist die Regelmäßigkeit. Nur, wenn Sie Ihr Projekt in regelmäßigen Abständen (ca. alle vier bis sechs Wochen) auf die Einhaltung der Planung kontrollieren, bleibt Ihr Projekt steuerbar. Analog zur Projektplanung ist es auch beim Controlling entscheidend, alle geplanten Hauptelemente (wie Ziele, Termine, Kosten, Ressourcen, Organisation und Umfeld) zu kontrollieren und auf eventuelle Abweichungen hin zu überprüfen und die Planung anschließend zu aktualisieren. Auch hier empfehle ich dringend, Ihr Team einzubeziehen!

Projekte sollten nicht im Sand verlaufen. Leider tun sie das viel zu oft! Ein professioneller Projektabschluss hinterlässt einen Projektabschlussbericht, der die Projektergebnisse zusammenfasst, noch notwendige Folgeaktionen dokumentiert und vor allem wertvolle Erfahrungen für Folgeprojekte sammelt. Diese sogenannten „Lessons Learned" ermöglichen eine Weiterentwicklung in Ihrem Unternehmen und können sicherstellen, dass Sie nicht die gleichen Fehler bei jedem Projekt immer und immer wieder machen.

Tipps

✓ Eine der Grundsatzfragen in der Strategieumsetzung ist: Welches Problem soll mit dieser geplanten Maßnahme wirklich gelöst werden? Erst wenn das Problem wirklich klar und eingehend analysiert ist, können die möglichen Lösungsvarianten geplant werden.

✓ Ich kenne keinen Plan, der zu 100 % so umgesetzt wurde, wie er vorgezeichnet beziehungsweise niedergeschrieben worden ist. Er ist vielmehr eine Richtschnur, eine Orientierungshilfe, um ans Ziel zu gelangen. Anpassungen sind unter Umständen notwendig und erfolgen aber nicht willkürlich, sondern immer unter der Prämisse, dem Prinzip der Kunden- und Ergebnisorientierung zu folgen.

✓ Sorgen Sie für einen Dialog! Viel zu oft wird diskutiert, anstatt einen Dialog zu führen. Beim Dialog bringt jeder seine Sichtweise, seine Erfahrungen ein. In einer Diskussion geht es darum, sich mit seiner Meinung durchzusetzen. Irgendwann wird es der Führungskraft zu bunt und sie trifft die Entscheidung selber. Die Suche nach der richtigen Entscheidung scheint daher offensichtlich nicht der zielführendste Weg zu sein. Stehen aber alle Mitarbeitenden eines Unternehmens hinter einer Entscheidung, dann werden sie auch alles tun, damit sich diese Entscheidung im Nachhinein als richtig herausstellt. Blicken Sie dann in ein oder zwei Jahren zurück, können Sie feststellen, dass damals die richtige Entscheidung getroffen wurde. Ihr Vertrauen ins Unternehmen und die verantwortlichen Personen wird dadurch nachhaltig gestärkt.

✓ Strategieumsetzung kann in den Händen von ganz wenigen Personen liegen, welche sich in Sitzungen abstimmen und so die Fortschritte im jeweiligen Projektplan immer im Auge behalten. Ist die Strategieumsetzung aber dezentral in vielen Gruppen aufgeteilt, müssen Transparenz und gegenseitige Abstimmung organisiert werden. Gute Kontrollen sind informationsorientiert, die entsprechende Leitfragen lauten:
– Wo steht das Projekt?
– Was läuft gut und warum?
– Was läuft schlecht und warum?
– Welche Maßnahmen wurden ergriffen, um das Problem zu beseitigen?
– Sind noch weitere Maßnahmen nötig?

✓ Damit Projekte wirklich professionell abgewickelt werden können, bedarf es eines hohen Maßes an Aufmerksamkeit und Professionalität. Eine vollständige Information dazu kann ich in diesem Buch nicht gewährleisten, dafür gibt es jedoch Experten, die dies sicherstellen können. Auf einen von ihnen und sein Buch möchte ich hiermit verweisen: Christian Sterrer (2014): Das Geheimnis erfolgreicher Projekte. Kritische Erfolgsfaktoren im Projektmanagement – was Führungskräfte wissen müssen. Springer Gabler, Wiesbaden.

6.3 Werkzeuge und Instrumente der Strategieumsetzung

Dieser Abschnitt handelt nun von den Werkzeugen und Instrumenten wirksamer Strategieumsetzung. Genauer: Es soll deutlich werden, welche Werkzeuge man beherrschen soll, wenn man Strategien erfolgreich in Unternehmen integrieren möchte. Um ein Instrument zu beherrschen, ist das permanente und unermüdliche Üben eine notwendige Voraussetzung. Viele kennen jedoch weder die Werkzeuge noch üben sie deren Anwendung. Natürlich gibt es viele spezifische Instrumente für bestimmte Anwendungsfälle: So sollten Projektleiter die im Unternehmen etablierte Projektmanagement-Software beherrschen, Abteilungsleiter Kosten-Nutzen-Analysen erstellen und Führungskräfte Businesspläne berechnen können. Im Zentrum der nachstehenden Überlegungen stehen Werkzeuge und Instrumente, deren Anwendung jeder, der sich mit der Strategieumsetzung auseinandersetzt, beherrschen soll.

Werkzeug 1: Kunden- und Mitarbeiterbefragung

Grundlage jeder Strategie ist eine vertiefte Auseinandersetzung mit den Bedürfnissen der bestehende und idealerweise auch mit den künftigen Kunden. Ebenso beliebt in Veränderungsprojekten ist die Befragung von Mitarbeitern. Kunden- und Mitarbeiterbefragungen eröffnen neue Perspektiven, bringen wertvolle Anregungen und vermitteln nicht zuletzt den Befragten das Gefühl, dass ein echtes Interesse an ihrer Meinung besteht.

Nur leider erlebe ich immer wieder, dass Befragungen wenig zielführend durchgeführt werden und so kaum vernünftige Aussagen für strategische Maßnahmen zulassen. Dies passiert, weil die der Befragung zugrunde liegenden Hypothesen und Dimensionen fehlen oder zumindest mangelhaft sind. Außerdem entspricht die Art der Fragestellung häufig nicht dem beabsichtigten Ziel. Ich halte es beispielsweise für nicht sinnvoll, ja gar für fast unmöglich, die Zukunft mit geschlossenen Fragen in Erfahrung zu bringen. Wenn Sie beispielsweise fragen, ob der Kunde die Digitalisierung und die damit einhergehenden Entwicklungen in Ihrer Branche gut findet, erhalten Sie zwar eine Meinung, aber Sie können in der Regel mit diesem Ergebnis wenig Konkretes für Ihr Unternehmen ableiten. Wenn Sie aber offen fragen, was der Kunde an der Digitalisierung gut findet und was ihn daran stört, erhalten Sie wertvollen Input, um sich in Zukunft kundengerechter zu positionieren. Wenn Antworten nur auf vorgegebene Möglichkeiten zulässig sind, die sich am allgemeinen Wissensstand orientieren, bringen Befragungen an dieser Stelle kaum etwas. Ich empfehle daher vielen meiner Kunden, insbesondere KMU mit einer Mitarbeitergröße ab 50 und mehr, qualitative Befragungen durch Fachleute durchführen zu lassen. In der Regel erweist sich dies als wesentlich effizienter und zielführender.

Sind Sie allerdings ein Klein- oder gar ein Einzelunternehmen mit sehr persönlichem Kontakt zu Ihren Kunden, würde ich Ihnen eher einen gemütlichen Kaffeeplausch mit Ihren Kunden empfehlen. In einem offenen Gespräch erfahren Sie wohl ebenso viel, wie Experten in einer qualitativen Befragung herausfinden würden.

Ein Problem bei Mitarbeiterbefragungen liegt oft in der einseitigen Erwartungshaltung der Auftraggeber. Sie befragen Kunden beziehungsweise Mitarbeiter, aber das Ergebnis geben sie nicht weiter. Damit haben sie natürlich den wertschätzenden und vertrauensbildenden Effekt des „Gefragt-werdens" verspielt. Selbstverständlich haben die Befragten ein Interesse an den Ergebnissen! Sind Sie nicht bereit, diese zu kommunizieren, dürfen Sie sich natürlich auch nicht wundern, wenn Sie beim nächsten Mal keine brauchbaren Ergebnisse oder einen sehr geringen Rücklauf erhalten.

Tipps

✓ **Fragen richtig formulieren:** Die Mitarbeiterbefragung ist ein besonders sensibles Instrument. Selbst kleine Fehler können zu einem erheblichem Akzeptanz- und Vertrauensverlust vonseiten der Befragten führen.

✓ **Anonymität sicherstellen:** Während Kunden häufig auch an nicht anonymen Umfragen teilnehmen, ist dies bei Mitarbeiterbefragungen so gut wie ausgeschlossen. Stellen Sie Einzelergebnisse nicht Abteilungen mit wenigen Mitarbeitern zur Verfügung!

✓ **Daten schützen:** Sichern Sie die Daten nur dort ab, wo Sie wissen, wer Zugriff darauf hat. Verwenden Sie unter Umständen Anbieter aus dem europäischen Raum und keine US-amerikanischen Befragungsprogramme mit Servern in den USA.

✓ **Veränderungen akzeptieren:** Wenn Sie bereit sind, Veränderungen zu akzeptieren und anzuleiten, gewinnen Sie doppelt: Ihre Mitarbeiter merken, dass sie ernst genommen werden, und Sie können Unternehmensprozesse optimieren und die Mitarbeiterzufriedenheit erhöhen. Wenn Sie keine Veränderungen wünschen, sollten Sie keine Mitarbeiterbefragung anstoßen, denn in diesem Fall verlieren Sie das Vertrauen und die Motivation Ihrer Mitarbeiter.

Werkzeug 2: Effiziente Meetings durchführen

Alle mit der Umsetzung betreuten Personen verbringen einen großen Teil ihrer Zeit in Sitzungen. Studien belegen, dass rund 60 % aller Meetings ineffizient und unproduktiv sind. Dies ist ein unakzeptabler Zustand, daher müssen und können Sitzungen produktiver gemacht werden (vgl. dazu auch Abschn. 6.2).

Ein erster und wichtiger Schritt ist, die Anzahl der Meetings zu reduzieren. Es werden einfach zu viele anberaumt! Oft werden Aufgaben von Teams bearbeitet, die einfacher und besser von einem Mitarbeitenden alleine erledigt werden könnten. Anstatt drei, vier Telefongespräche zu führen, wird ein Meeting geplant, in dem das Thema nicht kurz abgehandelt, sondern breitgetreten wird. Mit dem Zusatzeffekt, dass aus einem Projekt gleich mehrere entstehen, weil anscheinend plötzlich alles wichtig wird.

Überlegen Sie sich gut, bevor Sie ein Meeting einberufen, ob es überhaupt notwendig ist. Suchen Sie zuerst nach anderen Wegen, die Aufgabe zu erledigen oder das Problem zu lösen. Kommen Sie zu dem Entschluss, dass ein Meeting in diesem Fall der zielführendste Weg ist, müssen Sie unbedingt für eine gute Vor- und Nachbereitung sorgen!

Tipps

Wesentliche Grundsätze dabei sind:

- ✓ **Keine Sitzung ohne Tagesordnung und Zeitplanung:** Jedem Teilnehmer sind ausreichend vor der Sitzung die Tagesordnung und die notwendigen Unterlagen zu senden. Jeder sollte sich gut vorbereiten können.
- ✓ **Jeder muss seine Rolle kennen:** In einem Meeting gibt es verschiedene Rollen. Der Vorsitzende, der Moderator, der Protokollant, die Teilnehmenden usw. Jeder sollte seine Beiträge, in der jeweiligen Rolle und dem gerade behandelten Thema sehen.
- ✓ **Keine Sitzung ohne Protokoll:** Ausgezeichnete Führungskräfte verlassen sich nicht auf ihr Gedächtnis, sie schreiben mit. Um sie zu entlasten, sollte jedes Meeting zumindest mit einem Beschlussfassungsprotokoll und einer Pendenzenliste enden. Es geht hier nicht wie im Parlament um eine wortgetreue Wiedergabe, sondern um das Festhalten der wichtigsten Ergebnisse, Entscheide, usw.

Werkzeug 3: Moderationsfähigkeit

Um Teams steuern zu können, ist eine Fähigkeit unabdingbar: die der Moderation. Es ist genau jene Methode, die aus den Betroffenen Beteiligte im Strategieprozess werden lässt. Sie ist eine Mischform aus Planungs- und Visualisierungstechnik. Der Moderator ist eigentlich ein Dienstleister der Gruppe.

Eine entscheidende Frage lautet: Wie können wir gemeinsam, möglichst zeitnah zu brauchbaren Ergebnissen kommen? Moderatoren stehen dem Inhalt als auch dem Ergebnis wertneutral gegenüber. Ihre Rolle besteht darin, durch geeignete Fragen den Prozess in Gang zu setzen. Im Strategieumsetzungsprozess wird oft gefragt, ob die Moderatoren aus dem eigenen Unternehmen kommen können? Meine Erfahrung zeigt, je höher die Hierarchie und je spezialisierter die Teilnehmer sind, umso eher sollte ein externer Moderator beauftragt werden. Außerdem sollte der Moderator möglichst kein Wissen oder wenig Spezialwissen zum inhaltlichen Thema selbst haben, da er aufgrund seiner Sonderstellung sonst eher manipuliert, statt den Prozess zu leiten.

Tipps

Ein guter Moderator:

- ✓ strukturiert alle Redebeiträge, d. h. bestimmt, wer wann wie lange reden darf.
- ✓ unterbricht Abschweifungen oder unfaire Beiträge.
- ✓ notiert stichpunktartig Argumente/Ergebnisse der Teilnehmer.
- ✓ darf keinen eigenen Standpunkt einbringen, vertreten oder aufgrund seiner Position kommentieren.
- ✓ achtet auf Verständlichkeit, d. h. paraphrasiert (wiederholt den sinngemäßen Inhalt einer Vorrede mit eigenen Worten) im Zweifelsfall die Beiträge, um festzustellen, ob der Inhalt für alle verständlich ist.
- ✓ achtet auf eine korrekte Argumentationsstruktur (Argument besteht mindestens aus einer „Behauptung“ und einer „Begründung“).

Werkzeug 4: Reportingsysteme (Kennzahlen, Cockpits etc.)

Aus dem Spitzensport kennen wir das System der Zwischenzeiten. Ein Langstreckenläufer weiß auf seinem Weg zu einem Weltrekord eine jede Rundenzeit, je näher er an den geforderten Vorgabezeiten liegt, umso größer wird der Ansporn.

Auch für die Strategieumsetzung kann ein gutes Kennzahlensystem förderlich sein. Es soll auf die wenigen, aber wesentlichen Elemente der Strategie fokussieren. Erfahrene Führungskräfte benötigen in etwa acht bis zehn Kennzahlen, um die Gesamtsituation des Unternehmens beurteilen zu können. Mitarbeiter in den Zwischenebenen benötigen aber zusätzliche Informationen, die ein solches, oft rein quantitatives, Kennzahlensystem oft nicht bieten kann. Hier braucht es persönliche Gespräche mit den verantwortlichen Mitarbeitenden.

Tipps

Mit professionell eingesetzten Kennzahlen:

- ✓ lassen sich Projektziele, Arbeitspakete und Vereinbarungen präzise formulieren und leichter zu controllen.
- ✓ werden Vereinbarungen für alle Beteiligten exakter fixiert und damit die Aufwandschätzung und die Umsetzung erleichtert.
- ✓ lassen sich Fortschritte besser kommunizieren. Dadurch kann die kontinuierliche Entwicklung transparent gemacht werden, was wiederum Zuversicht und Motivation bei den Projektmitgliedern erzeugt.
- ✓ kann eine solide Basis dafür gelegt werden, dass alle Projektmitglieder mit derselben Interpretation der Daten arbeiten. Damit werden Missverständnisse vermieden.

Vertiefendes Wissen: Reportingsysteme

Um Kennzahlen erfolgreich einsetzen zu können, sind Mindest-Voraussetzungen erforderlich. So sollten die Beteiligten bereit sein, sich auf Präzision einzulassen. Eine Transparenz im Projekt muss gegeben oder zumindest herstellbar sein. Es sollte ein vollständiger, aktueller und realistischer Projektplan vorliegen.

Ein gutes und zweckmäßiges Werkzeug stellt die von Kaplan und Norton entwickelte Strategy Map dar. Die Strategy Map ist eine grafische Darstellung, die als Ursache-Wirkungs-Diagramm aufzeigt, wie immaterielle Ressourcen und die Kompetenzen der Mitarbeiter in finanzielle Ergebnisse umgewandelt werden. Sie bildet die Annahmen und Zusammenhänge ab, die einer Strategie zugrunde liegen (siehe Abb. 6.2).

Die Strategy Map hilft dem Management, die eigene Strategie und die strategischen Ziele zu verstehen, indem Zusammenhänge einfach und klar sichtbar werden. Sie ist hilfreich, um Einigkeit im Management herzustellen und um den Mitarbeitern die Strategie zu erklären. So wird jedem Mitarbeiter klar, welchen Beitrag er zur Strategieumsetzung leisten kann. Die Strategy Map kann somit ein entscheidendes Element bei der Umsetzung der Strategie sein.

Selbstverständlich ist es oftmals sinnvoll, auch geschäftliche Zusammenhänge in grafischer Form zu veranschaulichen. Diese Vorgangsweise ist vor allem auch aus didaktischer Sicht zu empfehlen und kann zur tieferen Einsicht in komplexe Problemstellungen sowie zu stark verbesserten Lernerfolgen führen. Bekannt ist das bereits seit 1970, als Tony Buzan begann, die Mind Maps zu entwickeln, welche bereits längst auch im geschäftlichen Umfeld zum Handwerkszeug zählen. Im Unterschied zu Kaplan und Nortons Strategy Maps

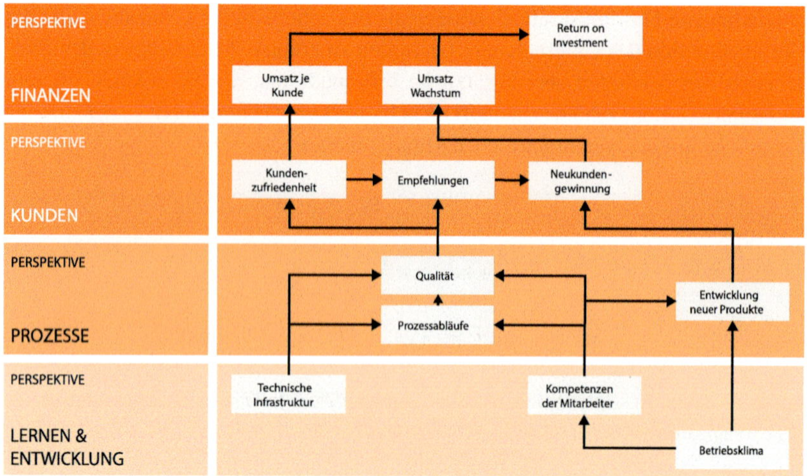

Abb. 6.2 Strategiekarte (Strategy Map). (Eigene Darstellung)

verfügen Mind Maps aber über eine zentrale Idee. Diese steht bei der Mind Map immer im Mittelpunkt, daraus „wachsen" im Uhrzeigersinn einzelne Untergedanken, welche auch noch weiter verzweigen können.

Werkzeug 5: Entschlacken Sie Ihren Arbeitsplatz

Organismen haben die Möglichkeit, sich von Stoffen, die sie nicht mehr brauchen, zu befreien. Diese kontinuierliche Entgiftung ist für sie überlebensnotwendig.

Dies sollten sie zumindest einmal im Jahr auch für Ihren Arbeitsplatz durchführen! Menschen sind Gewohnheitstiere, aber leider auch Jäger und Sammler. Glauben sie mir, ich rede (leider) aus Erfahrung. Strategiearbeit kann hier einen wesentlichen Beitrag leisten, geht es doch genau darum: Gutes, Wichtiges zu bewahren. Altes, weniger Funktionierendes abzuschütteln und Platz für Neues zu schaffen.

In Projekten werden üblicherweise neue Tätigkeiten erfunden. Altes wird weiterhin mitgeschleppt und gesammelt, dies oft aus reiner Gewohnheit. Die alles entscheidende Frage lautet: Was von dem, was ich heute mache, würde ich nicht machen, wenn ich es nicht schon machen würde? Wenn Sie also eine Tätigkeit finden, bei der Sie auf die folgenden Fragen drei Mal mit Nein antworten, dann lassen Sie sie in Zukunft weg.

Brauche ich das Ergebnis dieser Arbeit wirklich?

Braucht jemand anderes im Unternehmen das Ergebnis dieser Arbeit wirklich?

Welche weiterführenden Erkenntnisse bringen die Ergebnisse aus dieser Arbeit dem Unternehmen?

Diese Art der Entschlackung ist eine einfache, aber gute Möglichkeit, seine Arbeitsinhalte sinnvoll zu reduzieren. Es gewährleistet eine effektive Reduktion der gefühlten Arbeitslast und schafft Freiräume und Platz für Neues – geistig und physisch.

6.4 Wirkungsvolle Strategieumsetzung in KMU

Idealerweise finden Sie sich nach getaner Strategieentwicklung mit einem fertig ausgefüllten Strategiepapier, jeder Menge Maßnahmen, frohen Mutes und einer großen Portion Tatendrang wieder. Ihre Maßnahmen entsprechend zu organisieren und Ihren Tatendrang zielführend zu kanalisieren, ist Zielsetzung dieses letzten Kapitels.

Nehmen Sie sich Ihr Arbeitsblatt 7.3 und Blue Ocean 2 zur Hand. Sie werden feststellen, dass die dort niedergeschriebenen Maßnahmen eine unterschiedliche Komplexität aufweisen. Manche lassen sich schnell, einfach und unbürokratisch umsetzen. Für diese genügt es, ein kurzes Gespräch mit einem Themenverantwortlichen zu führen. Andere hingegen lassen bereits erahnen, dass da eine Menge Arbeit auf Sie zukommen wird. Sie bedürfen mehr Zeit, fundierter Überlegungen, wesentlich mehr Planung und zudem einem Team an Mitarbeitern, die daran arbeiten. Wichtig ist, dass Sie die Komplexität Ihrer Maßnahmen erkennen, einschätzen und die richtigen organisatorischen Schlüsse ziehen.

Aufgaben und Projekte

Aufgaben und Projekte unterscheiden sich durch die in Tab. 6.1 dargestellten Kriterien.

Eine diesbezügliche Einteilung ist empfehlenswert, da nur so sichergestellt werden kann, dass Sie Ihre Maßnahmen mit dem dafür erforderlichen Aufwand umsetzen. Während Aufgaben mittels einer einfachen To-do-Liste abgehandelt werden können, erfordern Projekte ein angemessenes Maß an Projektmanagement. Nachfolgend finden Sie eine Übersicht über jene Dinge, die Sie bei der Umsetzung von Aufgaben und Projekten unbedingt beachten sollten:

Tab. 6.1 Komplexitätsunterschiede von Aufgaben und Projekten

	Aufgaben	Projekte
Neuartigkeit	Nein Sie haben bereits ähnliche Aufgaben durchgeführt	Ja Diese Aufgabe ist für Ihr Team neuartig
Innovativer Charakter	Gering Bereits eine Anleitung, Erfahrungswerte vorhanden	Hoch Noch keine Anleitung vorhanden
Risiko	Gering Wenig Auswirkungen auf andere Unternehmensbereiche/Außenwirkung	Hoch Beträchtliche Auswirkungen auf andere Unternehmensbereiche/Außenwirkung
Organisatorische Komplexität	Gering Es ist nur eine Abteilung betroffen	Höher Es sind mehrere Abteilungen betroffen
Dauer	Kurz Die Umsetzung ist schnell zu erledigen	Länger Die Umsetzung dauert mindestens zwei Monate
Kosten	Wiederkehrend, moderate Kosten	Einmalig, eher höhere Kosten

Tipps für das erfolgreiche Umsetzen Ihrer Aufgaben

✓ Führen Sie eine zentrale To-do-Liste, die alle Aufgaben beinhaltet (z. B. Arbeitsblatt 7.3).

✓ Stellen Sie sicher, dass Sie die Aufgabe zielorientiert formulieren. Ihre Ziele sollten messbar sein.

✓ Weisen Sie jeder Aufgabe einen Start- und einen Endtermin zu.

✓ Es ist wichtig, dass jede Aufgabe einem Verantwortlichen zugeteilt wird. Nur so wird sie auch umgesetzt.

✓ Sorgen Sie für ein regelmäßiges Controlling Ihrer Aufgaben und aktualisieren Sie Ihre To-do-Liste entsprechend.

Tipps für das erfolgreiche Umsetzen Ihrer Projekte

Aus verschiedenen Studien können folgende Faktoren für ein erfolgreiches Projektmanagement hergeleitet werden:

- ✓ Achten Sie auf eine gute Ziel- und Auftragsklärung. Hier sind Auftraggeber und Auftragnehmer gleichermaßen in der Verantwortung.
- ✓ Stellen Sie ausreichende Ressourcen (Mitarbeitende und Geld) sowie Zeit zur Verfügung. Diese Investition wird sich auszahlen.
- ✓ Achten Sie darauf, dass an den Schlüsselstellen erfahrene Projektleiter sitzen. Projektmanagement kann man nur begrenzt lernen, vieles muss man erfahren, um es zu verstehen.
- ✓ Legen Sie dennoch großen Wert darauf, dass alle Beteiligten und vor allem die Projektmanagement-Unerfahrenen in den zu verwendenden Instrumenten und Prozessen geschult sind und ein Grundverständnis von Projektmanagement haben, bevor sie im Projekt tätig werden.
- ✓ Erfinden Sie das Rad nicht neu. Setzen Sie auf standardisierte Instrumente, die für alle gelten, und fordern Sie deren Nutzung ein.
- ✓ Sorgen Sie für Unterstützer, die in der Lage sind, über den Tellerrand hinauszublicken und funktionales Denken und Bereichsdenken zu überwinden.
- ✓ Achten Sie darauf, dass die Kommunikation funktioniert, und zwar sowohl formal (Berichtswesen und Dokumentation) als auch informell, dass also die Beteiligten miteinander reden. Schaffen Sie ausreichend Kommunikationsmöglichkeiten auch jenseits der geplanten Meetings (z. B. mit einem gemeinsamen Projektbüro, einer Kaffeeecke oder bei großen Projekten mit intranetgestützten Tools wie Foren und Videokonferenzsystemen).
- ✓ Reden Sie nicht nur über Risiken, managen Sie sie auch entsprechend, genau wie Sie Ihr gesamtes (Projekt-)Umfeld stets aktiv bearbeiten sollten.
- ✓ Wenn Sie Auftraggeber sind, fordern Sie regelmäßig Berichte (keine Datenfriedhöfe) ein. Lassen Sie notwendige Entscheidungen mit bewerteten Alternativen vorbereiten und entscheiden Sie dann ohne vermeidbares Zögern.
- ✓ Wenn Sie im Projektteam oder in der Projektleitung tätig sind, binden Sie den Auftraggeber mit ein, berichten Sie regelmäßig, bereiten Sie Entscheidungen substanziell vor, fordern Sie diese dann auch ein, zeigen Sie immer auch alternative Möglichkeiten auf.
- ✓ Die Professionalität Ihres Projektmanagements wird wesentlich über die Umsetzung Ihrer Projekte entscheiden. Hat Ihr Unternehmen damit noch

wenig Erfahrung, ist externe Unterstützung in Form eines Coaches oder eines externen Projektleiters sehr ratsam.

Was Sie außerdem noch beachten sollten

- ✓ **Erfolgreiche Strategieumsetzung bedeutet konsequente Führungsarbeit!** Führungspersonen haben eine zentrale Mittlerfunktion zwischen Inhaber(n) und Mitarbeitenden. Es geht darum, die vorerst vielleicht abstrakten Vorstellungen der Strategie mittels Konkretisierung auf einzelne Abteilungen und Funktionsbereiche herunter zu brechen. Sie sind im gesamten Veränderungsprozess die zentralen Kommunikatorinnen und Kommunikatoren. Sie initiieren den Dialog mit den Mitarbeitenden. Und zu guter Letzt: Vernachlässigen Sie nicht Ihre Vorbildfunktion! Seitens der Mitarbeitenden wird besonders kritisch hinterfragt, ob Eigeninteressen eine Rolle spielen, beziehungsweise ob die Führungspersonen bereit sind, sich selbst dem Wandel zu unterziehen. Dieser Skepsis können Führungspersonen durch vorbildliches Handeln im Sinne der Strategie aktiv begegnen.
- ✓ **Strategieumsetzung ist immer auch Veränderungsmanagement!** Die erfolgreiche Umsetzung von strategischen Zielsetzungen geht immer mit Veränderungen im Arbeitsalltag einher. Veränderungen erzeugen in vielen Fällen Befürchtungen, Ängste und häufig Widerstand. Für einen erfolgreichen Umsetzungsprozess ist es erfolgskritisch, diese Befindlichkeiten ernst zu nehmen. Gesicherte Erkenntnisse zeigen, dass der Schlüssel zum Erfolg in der Art und Weise der Einführung dieser Veränderungen liegt. Veränderungsvorhaben sind dann erfolgreich, wenn eine aktive Beteiligung aller Betroffenen erfolgt, damit die Neuerungen Bestandteil der eigenen Lebenswelt werden. Die Prozessgestaltung hat darauf Rücksicht zu nehmen.

Und nun wünsche ich Ihnen viel Freude und Spaß bei der Umsetzung Ihres persönlichen Strategievorhabens.

Ihr Urs Frey

Literatur

Etzel, H.-J., Heilmann, H., & Richter, R. (2000). *IT-Projektmanagement, Fallstricke und Erfolgsfaktoren*. Heidelberg.: Dpunkt-Verlag.

Sterrer, C. (2014). *Das Geheimnis erfolgreicher Projekte. Kritische Erfolgsfaktoren im Projektmanagement – was Führungskräfte wissen müssen*. Wiesbaden: Springer Gabler.

Anhang

Strategieentwicklung und was Sie dabei nie vergessen sollten!

✓ Strategisches Denken und Handeln der Mitarbeiter sind für ein Unternehmen überlebenswichtig.

✓ Ein Unternehmen kann ohne Unterstützung der eigenen Mitarbeiter nicht innovativ sein. Die Mitarbeiter müssen eingebunden werden, um die Produkte, Dienstleistungen und Prozesse immer wieder zu verbessern.

✓ Strategisches Denken lernt man am besten, indem man von der Vision bis zur Umsetzung aktiv an der Strategie mitarbeitet. Das Projektteam sammelt Informationen, analysiert diese und erarbeitet daraus strategische Optionen, die schließlich der Geschäftsleitung zur Entscheidung vorgelegt werden. Nur so entwickeln die Mitarbeiter strategisches Wissen und Können.

✓ Jede gute Strategie baut auf dem Wissen über die Märkte, Produkte und Technologien auf. Ohne dieses Wissen bleiben strategische Überlegungen eine Trockenübung. Dieses Wissen umfasst insbesondere auch Veränderungen bei Kunden und Konkurrenten, die den Kunden in seinen Entscheidungen beeinflussen. Dieses Wissen findet sich primär bei den Mitarbeitern.

✓ Entscheidend für die Wirksamkeit einer Strategie ist nicht die Methode an sich, sondern wer sie wie anwendet.

✓ Eine selbst erarbeitete Strategie setzen die Mitarbeiter auch selbst um, meist sogar ohne ausgeklügeltes Veränderungsmanagement.

✓ Durch das gemeinsame Erarbeiten von Strategien entstehen eine Kultur des Dialogs und eine gemeinsame Sprache. Voraussetzung für einen produktiven Dialog ist die heterogene Zusammensetzung des Projektteams. So anstrengend das Aufeinanderprallen unterschiedlicher Sichtweisen ist, dieser Dialog muss stattfinden. Einzig durch das gemeinsame Verständnis von Problemen und Lö-

U. Frey, *Vertrauen durch Strategie*, DOI 10.1007/978-3-658-12940-8

sungen entsteht im Unternehmen eine gemeinsame Sprache und somit auch Vertrauen.

- ✓ Die Strategieentwicklung baut auf dem spezifischen Wissen der eigenen Mitarbeiter und Kunden auf. Dadurch ist die Strategie auf das Unternehmen zugeschnitten und wird von den Mitarbeitern mitgetragen. Während Strategiepapiere leicht zu kopieren sind, können Strategien, die in den Köpfen und Herzen der Mitarbeiter verankert sind, kaum imitiert werden.
- ✓ Regelmäßige Überarbeitung ist notwendig! Heutzutage hat jede Unternehmensstrategie noch eine Halbwertszeit von nur wenigen Jahren – wenn überhaupt. Erfolgreiche Strategien müssen demnach mindestens jährlich im neuen Kontext grundlegend hinterfragt werden. Dies bedarf eines bewusst und klar formulierten Strategiekonzepts, das regelmäßig aktualisiert und weiterentwickelt wird. Dies ist mitunter ein Grund, warum gerade die Schriftlichkeit und das systematische Vorgehen anhand der Arbeitsblätter für die regelmäßige Strategieentwicklung zielführend und erfolgversprechend sind.

Vertrauensbildende Maßnahmen in der Strategieentwicklung

- ✓ Vertrauen ist eine Frage konkreten Verhaltens! Damit sind Sie als Führungskraft insbesondere gefordert!
- ✓ Lösen Sie sich von der Vorstellung, dass Ihr Unternehmensschiff nur vom Kapitän gelenkt wird. Es braucht die ganze Mannschaft (Lotsen, Matrosen, Kapitän)! Binden Sie daher Ihre Mitarbeiter auch ein, wenn es darum geht, den künftigen Kurs zu bestimmen!
- ✓ Haben Sie den Mut, Neues zu denken, zu beschließen und zu tun. Das nötige Vertrauen dafür erhalten Sie unter anderem im Zuge einer fundierten Analyse Ihres Unternehmens, Ihrer Umwelt und Ihrer Konkurrenz- und Branchensituation. Damit sammeln Sie das notwendige Wissen, um Entscheidungen fundiert und mit gutem Gefühl treffen zu können.
- ✓ Zeigen Sie Lern- und Veränderungsbereitschaft und seien Sie damit Vorbild für Ihre Mitarbeiter. Ihre Vorbildwirkung wird das Vertrauen in Ihre Kompetenz und Führungsfunktion stärken und Ihre Mitarbeiter motivieren, Gleiches zu tun.
- ✓ Begegnen Sie Ihren Mitarbeitern auf Augenhöhe! Zeigen Sie ernsthaftes Interesse für deren Anliegen, Sorgen und Vorschläge.
- ✓ Legen Sie Wert auf eine gute Kommunikation! Fördern Sie einen offenen Dialog anstelle von emotionalen Diskussionen. Ein echter Dialog hat das Ziel, eine

gemeinsame Lösung zu finden, während es in einer Diskussion meist darum geht, seinen Standpunkt vehement zu vertreten. Gehen Sie auch hier als Beispiel voran!

- ✓ Nehmen Sie sich Zeit für Gespräche, ohne immer gleich eine Lösung finden zu wollen. Sie vermitteln damit das Gefühl, ernsthaftes Interesse am Wohlbefinden Ihres Gegenübers zu haben, und wirken vertrauenswürdig. Und wo Vertrauen geschenkt wird, kommt Vertrauen zurück!
- ✓ Vertrauen steht im Konfliktfall insbesondere auf dem Prüfstand. Versuchen Sie daher, in Konflikten fair, sachlich und konstruktiv zu agieren. Wie in Unternehmen mit Fehlern umgegangen wird, ist entscheidend für deren Vertrauenskultur!
- ✓ Räumen Sie Ihren Mitarbeitern einen Gestaltungsspielraum ein! Setzen Sie Ziele gemeinsam, überlassen Sie allerdings Ihren Mitarbeitern den Weg. Es gibt viele Wege zum Ziel! Sie schenken Ihren Mitarbeitern damit einen wichtigen Vertrauensvorsprung, der sie gleichzeitig motivieren wie verpflichten wird.
- ✓ Kümmern Sie sich um eine konstruktive Feedbackkultur! Lernen Sie, Feedback konstruktiv zu formulieren und mit Demut anzunehmen. Geben Sie Feedback! Es ist wichtig, Ihre Mitarbeiter selbständig Wege erarbeiten zu lassen. Umgekehrt muss es aber auch möglich sein, diese Wege zu thematisieren und Feedback zu geben. Allerdings wertschätzend und konstruktiv!
- ✓ Strategiearbeit braucht keine Heimlichtuerei! Lassen Sie Ihr Team teilhaben an Ihren Gedanken und Plänen und spielen Sie mit offenen Karten hinsichtlich Zahlen und Ergebnissen. Trauen Sie Ihren Mitarbeitern Professionalität an dieser Stelle zu und machen Sie sie zu Betroffenen!
- ✓ Haben Sie Vertrauen in Ihre Traditionen und Routinen, lassen Sie aber auch Veränderungen zu! Fordern Sie Ihr Strategieteam auf, die „Abteilungsbrille" abzunehmen und das Unternehmen als Ganzes in den Blick zu nehmen. Trauen Sie Ihrem Team das auch zu!

Vertrauensbildende Maßnahmen in der Strategieumsetzung

- ✓ Teilen Sie den vereinbarten Maßnahmen und Projekten verantwortliche Personen zu. Sie legen gemeinsam das Ziel fest, delegieren allerdings die Verantwortung der Umsetzung an die jeweils Verantwortlichen. Nehmen Sie das auch ernst und überlassen Sie das WIE der Umsetzung Ihren Mitarbeitern.
- ✓ Vereinbaren Sie für die Umsetzung der Projekte mit Ihrem Projektleiter einen Budgetrahmen. Delegieren Sie mit der Verantwortung über das Projekt auch die Verantwortung über das vereinbarte Budget an Ihren Projektleiter!

- ✓ Investieren Sie Zeit und Energie in die Kommunikation Ihrer Strategie und die geplanten Umsetzungsmaßnahmen. Vermeiden Sie unnötige Ängste, Sorgen und Gerüchte, indem Sie Ihre Mitarbeiter frühzeitig informieren. Schaffen Sie ein vertrauensvolles Klima, indem Sie Ihre Mitarbeiter ernst nehmen und einbinden.
- ✓ Geben Sie Ihren Mitarbeitern Zeit, sich an neue Strukturen und Abläufe zu gewöhnen. Fördern Sie die Umstellung durch gezielte Information und Unterstützung.

Begriffserklärungen

Angebot Das Angebot ist ein Maßnahmenpaket, bestehend aus Kern- und Zusatzleistungen, einer Preisforderung, Lieferbedingungen, Distributionsleistungen und Kommunikationsmitteln. Es wird im Marketing auch als „Marketing-Mix" bezeichnet.

Anspruchsgruppen werden häufig auch als „Stakeholder" bezeichnet und umschreiben Personen, Personenkreise und Organisationen (Unternehmen, Behörden usw.), die in einem Bezug zum Unternehmen stehen, Forderungen und ein eigenes Interesse am Verlauf von Prozessen oder an einem Ergebnis haben.

Branche Die Branche wird als „die Gesamtheit aller Anbieter" verstanden. Wichtige Analysekriterien der Branche sind Kapazitäten, Anzahl der Anbieter, Wettbewerbsinstrumente, allfällige Eintrittsbarrieren und dominierende Geschäftsmodelle.

Cashflow Der Geldfluss oder Cashflow ist eine Kennzahl des betrieblichen Rechnungswesens. Sie umfasst den Nettozufluss liquider Mittel während einer Periode und gibt darüber Auskunft, ob Unternehmen die erforderlichen Mittel für Ersatz- und Ausbauinvestitionen aus eigener Kraft erwirtschaften können. Der Cashflow ist eine wesentliche Form der Innenfinanzierung eines Unternehmens.

Deckungsbeitrag Im Rahmen der Grenzkostenrechnung und der Einzelkostenrechnung kann der Deckungsbeitrag bestimmt werden. Er ist eine Aussage darüber, wie viel das Bezugsobjekt (z. B. ein Produkt) zur Deckung der Gemeinkosten und zum Unternehmenserfolg beiträgt. Er berechnet sich durch den Abzug der Einzelkosten vom Verkaufserlös.

Economies of Scale Von Skaleneffekten oder Economies of Scale spricht man, wenn die Produktionskosten pro hergestellte Einheit mit zunehmender Produktionsmenge abnehmen.

Economies of Scope Von Economies of Scope oder Synergieeffekten spricht man, wenn es günstiger ist, die Herstellung verschiedener Güter beziehungsweise

Dienstleistungen oder mehrere Produktionsschritte der Wertschöpfungskette in einem Unternehmen zusammenzufassen, als sich auf Teilbereiche zu spezialisieren und andere auszulagern.

Effektivität Die Effektivität ist ein Beurteilungskriterium, mit dem sich beschreiben lässt, ob eine Maßnahme zur Erreichung eines vorgegebenen Ziels geeignet ist. Sie kann mit dem Satz „die richtigen Dinge tun" zusammengefasst werden.

Effizienz Die Effizienz ist ein Beurteilungskriterium, mit dem sich beschreiben lässt, ob eine Maßnahme geeignet ist oder nicht, wobei die Wahrung der Wirtschaftlichkeit im Zentrum steht. Sie kann mit dem Satz „die Dinge richtig tun" zusammengefasst werden.

Erfahrungs- oder Lernkurve Die Erfahrungs- oder Lernkurve beschreibt den in Produktivitätsverbesserungen transformierbaren Erfahrungszuwachs eines Unternehmens, der Umsatzsteigerungen normalerweise begleitet: Mit jeder Verdoppelung der kumulierten Menge ergibt sich ein Kostensenkungspotenzial in der eigenen Wertschöpfung von 20 bis 30 % – unabhängig davon, ob es sich um materielle Produkte oder um Dienstleistungen handelt. Wesentlich ist dabei die Möglichkeit, Erfahrungen in Produktivitätsverbesserungen umzusetzen. Im Zweifelsfall muss ein Unternehmen, das diese Möglichkeit nicht nutzt, damit rechnen, dass Wettbewerber dies tun. Hier liegt für ein Unternehmen auch die strategische Bedeutung eines bestimmten Mindestmarktanteils (verteidigungsfähige Marktstellung) begründet: Man hat es leichter, wettbewerbsfähige Kostenstrukturen zu realisieren.

Erfolgsfaktor Ein Erfolgsfaktor ist ein Bestimmungsfaktor der Marktattraktivität oder der Wettbewerbsstärke auf den Ebenen des Angebots oder der Ressourcen. Die Nutzung der Erfolgsfaktoren durch den Aufbau entsprechender Erfolgspotenziale beeinflusst in signifikanter Weise den langfristigen Unternehmenserfolg. Zu unterscheiden sind generelle und marktspezifische Erfolgsfaktoren.

Erfolgspotenzial Ein Erfolgspotenzial ist eine Bedingung respektive Voraussetzung für die langfristige Erfolgserzielung. Der Aufbau und die Sicherung von Erfolgspotenzialen stehen im Zentrum der strategischen Planung. Es gibt drei verschiedene Typen von Erfolgspotenzialen: vorteilhafte Marktpositionen, Angebotsvorteile und Ressourcenvorteile. Die strategische Bedeutung spezifischer Erfolgspotenziale wird durch die Bedeutung der ihnen zugrundeliegenden Erfolgsfaktoren bestimmt.

Führung, operativ Die operative Führung eines Unternehmens steuert die Liquidität (Einnahmen und Ausgaben) sowie den betriebswirtschaftlichen Erfolg (Aufwand und Ertrag). Ziel ist, die jederzeitige Zahlungsfähigkeit des Unternehmens und einen angemessenen Gewinn sicher zu stellen. Grundlage der operativen Führung sind die Zahlen des Finanz- und Rechnungswesens.

Führung, strategisch Die strategische Führung eines Unternehmens steuert dessen Erfolgspotenziale und sorgt damit für den zukünftigen Unternehmenserfolg: Gewinn und Liquidität. Über die Erfolgspotenziale muss rechtzeitig, in der Regel jährlich, entschieden werden.

Generische Wettbewerbsstrategien sind idealtypische Strategie-Grundtypen. Nach Porter gibt es vier mögliche Grundstrategien: die gesamtmarktbezogene Kostenführerschaft, die gesamtmarktbezogene Differenzierungsstrategie, die nischenorientierte Preisstrategie und die nischenorientierte Differenzierungsstrategie. Die zwei Letztgenannten werden von Porter auch unter dem Ausdruck Nischen- oder Fokusstrategie zusammengefasst.

Geschäft Das Geschäft ist eine Produkt- oder Leistungsgruppe mit eigenem Marktauftritt. Ein Geschäft weist mehr oder weniger starke markt- und ressourcenbasierte Synergien mit anderen Geschäften auf. Hat es starke Synergien und damit einen geringen Autonomiegrad, so wird es als **Geschäftseinheit** (Business Unit) bezeichnet. Hat es hingegen einen hohen Unabhängigkeitsgrad, ist es wie ein Unternehmen im Unternehmen, wird dafür der Ausdruck **Geschäftsfeld** (Business Field) verwendet.

Geschäftsmodell Das Geschäftsmodell eines Unternehmens bezeichnet den Zusammenhang von Marktsegmenten, Zielkunden, Kundennutzen und Wertkette beziehungsweise Prozessen der Leistungserstellung und Ertragsrealisierung. Im Strategieprozess eines Unternehmens steht heutzutage in der Regel auch dessen Geschäftsmodell auf dem Prüfstand. Gegenstand von Innovationen sind zunehmend – neben Produkt- und Verfahrensinnovationen – auch Innovationen des Geschäftsmodells von Unternehmen.

Kaufentscheidende Faktoren bilden die realistische Antwort auf die Frage: „Wofür genau bezahlt der Kunde unsere Rechnungen?“ Es geht dabei grundlegend um die Außenperspektive des Kunden und nicht darum, was im Unternehmen geglaubt wird. Im Normalfall liegt die Anzahl der kaufentscheidenden Faktoren in einem Geschäft zwischen fünf und zehn. Ein Unternehmen kann mit Hilfe eines realistischen Bildes der kaufentscheidenden Faktoren seiner Kunden ermitteln, ob es mit seinen Leistungen, Leistungsversprechen und Kernkompetenzen (noch) richtig liegt. Daher ist dieser Begriff im Strategieprozess von zentraler Bedeutung und es ist wichtig, dass die kaufentscheidenden Faktoren methodisch sauber ermittelt werden.

Kernkompetenz Eine Kernkompetenz ist die Fähigkeit eines Unternehmens, einen besonderen, nur schwer imitierbaren Beitrag für den Kundennutzen zu leisten, der einen Wettbewerbsvorteil generiert. Eine Kernkompetenz liegt nicht in Personen beziehungsweise besonders qualifizierten Mitarbeitern allein, oder in einem bestimmten Produkt, sondern in der Regel in Prozessen des Unternehmens begründet. Feststellung und gegebenenfalls Auf-/Ausbau von Kernkompetenzen ist ein unternehmensstrategisches Thema, weil Kernkompetenzen einen wichtigen Bestandteil der Erfolgspotenziale eines Unternehmens bilden.

Klumpenrisiko Im unternehmerischen Umfeld bedeutet ein Klumpenrisiko die besondere Abhängigkeit von Zulieferern, Mitarbeitern und Kunden, deren Ausfall das Unternehmen in seiner Existenz bedrohen kann.

Kompetenz beschreibt die Fähigkeit einer Unternehmung oder einer Organisationseinheit, bestimmte Leistungen zu erbringen oder bestimmte Verhaltensweisen zu realisieren. Kompetenzen werden im ressourcenorientierten Ansatz als spezielle Ressourcenart aufgefasst.

Kostenführerschaft Die Kostenführerschaft ist eine der drei Wettbewerbsstrategien nach Michael E. Porter. Sie hat zum Ziel, der kostengünstigste Anbieter zu sein. Dies kann ein Unternehmen durch einen natürlichen Vorteil (z. B. günstiger Standort), durch Rationalisieren, durch die Ausnutzung von Skaleneffekten oder durch Prozessoptimierung erreichen.

Kostentreiber sind strikt von Kostenarten (in der Kostenrechnung) zu unterscheiden. Gegenüber Kostentreibern sind Kostenarten unvermeidbar. Letztere kennzeichnen die Kosten, die durch die Wertschöpfung verursacht werden: Personalkosten, Materialkosten etc. Beim Kostensparen an den Kostenarten anzusetzen, kann bedeuten, dass man unter Umständen (langfristig) wertvolle Potenziale des Unternehmens beschneidet. Kostentreiber dagegen beantworten die Frage, warum einzelne Kostenarten so (zu) hoch sind. Sie stellen daher einen zentralen Hebel für Produktivitätsverbesserungen dar. Kostentreiber lassen sich über den gesamten Leistungserstellungsprozess identifizieren und systematisch bearbeiten. Prominente Beispiele für Kostentreiber sind Komplexitätskosten aller Art (große Variantenvielfalt, hohe Kunden- und Lieferantenzahl).

Kundennutzen kann bestimmt (und gemessen) werden als Positionierung einer Leistung im zweidimensionalen Raum von Qualität (Leistungsmerkmale) und Preis in Relation zu den relevanten Wettbewerbern.

Lebenszyklusmodell Das Lebenszyklusmodell beschreibt die Wachstumsdynamik eines Branchenmarktes in drei Phasen: die Einführungsphase, in der ein Markt entsteht und dessen Spielregeln und Wettbewerbsverhältnisse noch ungeklärt sind; die Wachstumsphase, in der der Markt etabliert ist und die Wettbewerber bekannt sind, aber auch neue Wettbewerber eintreten; die Sättigungs-/Rückgangsphase, in der die Wachstumsmöglichkeiten begrenzt sind und sich „die Spreu vom Weizen trennt". Für die Bestimmung der strategischen Ausrichtung eines Unternehmens spielt die Phase, in der sich sein(e) Marktsegment(e) befindet/befinden, eine wesentliche Rolle, weil jede Phase ihre besonderen Herausforderungen für das Management und die Organisation bereithält.

Leitbild Das Leitbild (Mission Statement) ist ein Dokument, das einerseits den Unternehmenszweck und die Hauptaktivitäten und andererseits die obersten Ziele und Wertvorstellungen eines Unternehmens beschreibt.

Markt Der Markt wird als die Gesamtheit der Abnehmer, d. h. der Kunden (Zwischenhändler, Absatzmittler etc.) und der Endverbraucher definiert. Wichtige Analysekriterien des Marktes sind beispielsweise die Kundenstruktur, Kundenbedürfnisse und deren Kaufkraft, aber auch Größen wie Marktvolumen, Marktpotenzial etc.

Marktanteil, absolut Der absolute Marktanteil bezeichnet den Umsatz/Absatz eines Geschäftsfeldes beziehungsweise Unternehmens (wenn das Unternehmen aus nur einem Geschäftsfeld besteht) im Verhältnis zum entsprechenden Marktvolumen.

Marktanteil, relativ Der relative Marktanteil bezeichnet das Verhältnis des Umsatzes/Absatzes eines Geschäftsfeldes beziehungsweise des Unternehmens zum summierten Umsatz der drei größten Wettbewerber im Marktsegment des Geschäftsbereichs oder Unternehmens. Der relative Marktanteil kann bei Märkten mit klarer Dominanz eines Marktführers auch gemessen werden als Anteil des eigenen Umsatzes am Umsatz des Marktführers. Einen verteidigungsfähigen Marktanteil hat ein Geschäftsfeld/Unternehmen ab ca. zwölf Prozent relativem Marktanteil, weil in der Regel erst von da an eine wettbewerbsfähige Kostenposition realisierbar ist. Wenn ein Geschäftsfeld/Unternehmen niedriger liegt, ist in der Regel eine wesentliche strategische Herausforderung bereits vorgegeben: die Erringung eines verteidigungsfähigen Marktanteils.

Marktorientierter Ansatz Der marktorientierte Ansatz (engl. Market Based View) ist eines der beiden zentralen Konzepte der strategischen Planung. Es besagt Folgendes: Mit dem Aufbau und der Desinvestition von Geschäftsbereichen entscheiden sich die Firmen für/gegen Branchenmärkte und innerhalb von ihnen für/gegen Anbietergruppen. Die dadurch grob definierte Wettbewerbsposition wird durch den Aufbau von Angeboten und Ressourcen konkretisiert. Der langfristige Erfolg hängt jedoch weniger von den Angeboten und mehr von der Attraktivität der gewählten Märkte und Anbietergruppen ab.

Marktposition Die Marktposition eines Unternehmens (einschließlich dessen Voraussetzungen) stellt dessen wichtigstes gegenwärtiges Erfolgspotenzial dar. Die Marktpositionierung bedarf genauso der strategischen Vorsteuerung wie die zukünftigen Erfolgspotenziale: neuartige (technische) Lösungen für die Probleme der Kunden, die die gegenwärtig vorherrschenden Problemlösungen ablösen werden. Der Aufbau von **Erfolgspotenzialen** benötigt immer viel Zeit, die nicht beliebig verkürzt werden kann. Erfolgspotenziale müssen strategisch vorgesteuert werden, damit sie dann zur Verfügung stehen, wenn Erfolg und Erträge realisiert werden müssen.

Marktpositionierung Die Marktpositionierung umschreibt das gezielte, planmäßige Schaffen und Herausstellen von Stärken und Qualitäten, durch die sich ein Unternehmen, ein Produkt oder eine Dienstleistung in der Einschätzung der Zielgruppe deutlich von anderen unterscheidet. Eine starke Marktposition bedeutet, dass die Stärken von Konkurrenten nur bedingt kopiert werden können.

Marktvolumen Das Marktvolumen umfasst den gesamten Umsatz oder Absatz aller Wettbewerber in einem definierten Marktsegment, zum Beispiel im Markt eines bestimmten Geschäftsfeldes des Unternehmens beziehungsweise im Markt des Unternehmens insgesamt.

Moral Hazard ist ein Risiko, das darin besteht, dass das Verhalten eines besser informierten Akteurs das Verhalten des schlechter informierten beeinflusst. Die Ursache dafür ist in der Informationsasymmetrie zu suchen (vgl. Principal-Agent-Theorie).

Personalkostenproduktivität Die Personalkostenproduktivität setzt den Rohertrag beziehungsweise die Wertschöpfung eines Unternehmens (Umsatz minus Vorleistungen) in Beziehung zu seinen Personalausgaben. Die Entwicklung der Personalkostenproduktivität zeigt an, wie gut es einem Unternehmen gelingt, seine „Erfahrungskurve“ (siehe oben) zu nutzen, d. h. den Erfolg oder Misserfolg seines Produktivitätsmanagements. Im Strategieentwicklungsprozess weist die Personalkostenproduktivität gegebenenfalls auf Handlungsbedarf im Produktivitätsmanagement hin. Für jede Branche gibt es Benchmarks der Personalkostenproduktivität, die man im Strategieprozess nutzen kann.

Preisführerschaft Man spricht von der Preisführerschaft eines Unternehmens, wenn dieses Unternehmen den anderen Anbietern den Preis eines Produktes oder einer Dienstleistung diktieren kann. Häufig ist die Preisführerschaft an einen hohen Marktanteil geknüpft.

Principal-Agent-Theorie Die **Principal-Agent-Theorie** geht davon aus, dass der Prinzipal (z. B. Unternehmensinhaber) und der Agent (z. B. Manager) asymmetrisch informiert sind (Informationsasymmetrie). Die Asymmetrie kann auf versteckten Handlungen (Hidden Actions), versteckter Information (Hidden Information) und versteckten Charakteristika (Hidden Characteristics) beruhen.

Shareholder Unter **Shareholder** versteht man die Anteilseigner eines Unternehmens.

SMART Das Akronym **SMART** kennzeichnet die wesentlichen Kriterien für die Aufstellung von Zielen auf allen Ebenen und in allen Bereichen eines Unternehmens: **S**pezifisch (konkret, anschaulich, ergebnisorientiert),

Messbar (beurteilbar), **A**nspruchsvoll (über normale Stellenanforderungen hinausgehend), **R**ealistisch (erreichbar, mit Bezug auf Ressourcen und Kompetenzen), **T**erminiert (bis wann ... ?). Die Überführung einer ausformulierten Unternehmensstrategie in SMART-formulierte Ziele (für Führungskräfte und Mitarbeiter) stellt eine wesentliche Voraussetzung für deren Umsetzung dar.

Stakeholder siehe Anspruchsgruppen.

Stakeholder-Konzept Im Stakeholder-Konzept werden nicht nur die Interessen der Shareholder berücksichtigt, sondern auch von jenen Anspruchsgruppen, die für das Unternehmen von Bedeutung sind. Darunter fallen zum Beispiel der Staat, die Gesellschaft, Banken oder Lieferanten. Das bedeutet, dass die Gruppe der Stakeholder sehr heterogen und umfassend ist.

Strategie, beabsichtigt (Intended Strategy) Die beabsichtigte Strategie definiert die für die Geschäftsfelder zukünftigen Ziele, die langfristig angestrebten Marktpositionen und teilt ihnen Mittel zu oder bestimmt zumindest die Investitionsprioritäten. Sie enthält normalerweise die gewählte generische Wettbewerbsstrategie, die angestrebten Wettbewerbsvorteile und die aufzubauenden respektive zu pflegenden Ressourcen und Kompetenzen.

Strategien, funktional Funktionale Strategien sind langfristige Ziele, die für einen betrieblichen Funktionsbereich (Personal, Marketing, Produktion, Finanzen etc.) Prioritäten setzen. Da solche Ziele nicht primär dem Aufbau oder der Sicherung von Erfolgspotenzialen dienen, ist es sinnvoller, sie als Konzepte, anstatt als Strategien zu bezeichnen.

Strategie, gewachsen Die gewachsene Strategie (Emergent Strategy) oder realisierte Strategie bildet nicht das Resultat der Umsetzung einer beabsichtigten Strategie, sondern ist vielmehr das Produkt einer Vielzahl von mehr oder weniger aufeinander abgestimmten Einzelentscheiden über einen bestimmten Zeitraum.

Strategie Mit dem Begriff Strategie werden im Management typischerweise Sachverhalte belegt, die als langfristig und als besonders wichtig markiert werden sollen. Demgegenüber wird hier unter Strategie eine Systematik und Methode der Unternehmenssteuerung verstanden, die einen unverzichtbaren Beitrag zur Lebensfähigkeit des Unternehmens leistet, die sowohl kurz- als auch langfristig und vor allem immer auch operativ wirksam ist. Die strategischen Schlüsselgrößen bieten ein übersichtliches und einfaches Konzept für die Ausarbeitung und Kommunikation einer Strategie, oder einfach auch nur für eine sinnvolle Ordnung im strategischen Gedankenaustausch.

Strategische Geschäftseinheit (SGE) Eine strategische Geschäftseinheit (SGE) ist ein möglichst isolierter Ausschnitt aus dem gesamten Betätigungsfeld eines Unternehmens, wobei für die Leistungserstellung die gleichen Ressourcen und

Kompetenzen eingesetzt werden. Die Zahl der SGE sollte nicht zu hoch sein, damit eine Führung derselben noch möglich ist.

Strategische Herausforderungen Die strategischen Herausforderungen fassen die Beurteilungen der Ausgangslage eines Geschäftes zusammen und bringen sie gewissermaßen auf den Punkt. Eine Herausforderung ist eine für das Unternehmen zu lösende Aufgabe, die man annehmen oder ablehnen, aber nicht ignorieren kann, und die im Alltagsgeschäft oft nicht als solche erkannt, geschweige denn klar formuliert wird. In einem systematischen Strategieprozess sollte dies jedoch immer gelingen. Herausforderungen können sich zum Beispiel aus der jeweiligen Entwicklungsphase des Marktes, aus veränderten Kundenanforderungen oder Wettbewerbsveränderungen, oder aber auch aus der Stärken-/Schwächenanalyse des Unternehmens ergeben.

Strategische Optionen zeigen unter Umstanden alternative Wege und Möglichkeiten auf, strategische Herausforderungen zu bearbeiten. Strategische Optionen werden für jede der drei primären strategischen Schlüsselgrößen formuliert: Marktstellung, Innovationsleistung und Produktivität. Im Strategieprozess sind (spätestens) an dieser Stelle möglicherweise riskante Entscheidungen zu treffen, falls es alternative Optionen gibt.

Strategische Schlüsselgrößen Eine Strategie hat die Aufgabe, die dauerhafte Lebensfähigkeit eines Geschäfts sicherzustellen. Im Einzelnen sind es diese sechs Schlüsselgrößen, die für die Lebensfähigkeit entscheidend sind: Die Marktstellung des Unternehmens/Geschäftsfeldes, die Innovationsleistung als Fähigkeit, die Erfolgspotenziale des Unternehmens/Geschäftsfeldes zu realisieren, die Produktivität der Prozesse und Funktionen, die Attraktivität des Unternehmens für die passenden Personen, die Liquidität und das Gewinn-Erfordernis. Diese Schlüsselgrößen stehen in Wechselbeziehungen zueinander: Die drei ersten sind die zentralen, die die übrigen drei vorsteuern. Ein Strategieprozess kann nach den Schlüsselgrößen strukturiert werden. Er wird dadurch übersichtlich.

Strategisches Geschäftsfeld (SGF) Ein strategisches Geschäftsfeld bezeichnet eine eigene, abgegrenzte Produkt-/Marktkombination. Bei mehreren SGF in einem Unternehmen sind die strategischen Schlüsselgrößen „Marktstellung“ und „Innovationsleistung“ für jedes von ihnen separat zu beurteilen. Alle anderen Schlüsselgrößen können für das gesamte Unternehmen beurteilt werden.

SWOT steht für Strengths, Weaknesses, Opportunities und Threats. Es handelt sich um eine systematische Analyse der Stärken und Schwächen des Unternehmens in Kombination der Chancen und Gefahren der Unternehmensumwelt (z. B. Markt und Technologie).

Top-down-Ansatz Im Gegensatz zum Bottom-up-Ansatz wird im Top-down-Ansatz von oben nach unten geführt, beziehungsweise werden von den übergeordneten Zielen Maßnahmen abgeleitet. Top-down geht vom Abstrakten, Allgemeinen, Übergeordneten schrittweise hin zum Konkreten, Speziellen, Untergeordneten.

Trend Ein Trend (von engl. to trend, „in einer bestimmten Richtung verlaufen" beziehungsweise „drehen" oder „wenden") ist ein Instrument zur Beschreibung von Veränderungen und Strömungen in allen Bereichen der Gesellschaft. Die Beschreibung und die Randbedingungen erlauben eine Aussage über die zukünftige Entwicklung. Trends sind beobachtbar, im soziologischen Kontext aber nur schwer messbar. Ihr weiterer Verlauf lässt sich meistens genähert abschätzen, aber nur teilweise beeinflussen.

Trendforschung Die Trendforschung befasst sich mit der Beobachtung und Vorhersage von Trends. Ein Trend ist eine neue Auffassung in Gesellschaft, Wirtschaft oder Technologie, die eine neue Bewegung beziehungsweise Marschrichtung auslöst. Eine grundlegende Änderung (Umkehrung) eines Trends wird als „Trendwende" bezeichnet. Die Einführer eines neuen Trends werden Trendsetter genannt, vor allem im Bereich der Mode.

Unternehmenskultur Die kulturellen Aspekte, die im Unternehmen niederschwellig auf Entscheidungen, Verhalten und Strukturen wirken, werden als Unternehmenskultur bezeichnet. Die Strategie eines KMU wird maßgeblich von der Unternehmenskultur und diese wiederum von der Persönlichkeit des Unternehmers geprägt.

Wertekette, Wertschöpfungskette Die Wertkette oder die Wertschöpfungskette bezeichnet den Zusammenhang der (direkten und unterstützenden) Stufen beziehungsweise Funktionen der Wertschöpfung beziehungsweise Leistungserstellung eines Unternehmens (z. B. Einkauf, Konstruktion, Fertigung, Vertrieb, Personal, IT ...). Für jede Stufe (oder Funktion) kann man eigene Kennzahlen bestimmen, die insbesondere ihren Beitrag zum Unternehmenserfolg sowie gegebenenfalls auch zur Umsetzung der Strategie sichtbar machen. Weiterhin kann man (nicht nur) im Strategieprozess jede Stufe/Funktion nach ihren Stärken und Schwächen bewerten. Eine wesentliche strategische Frage ist, um welche Stufen/Funktionen die Wertschöpfung eines Unternehmens erweitert, oder aber reduziert werden soll. Eine Strategie definiert die Beiträge der einzelnen Stufen/Funktionen zu ihrer Umsetzung.

Wertschöpfungskette Das Modell der Wertschöpfungskette von Michael E. Porter umschreibt die Stufen der Produktion als eine geordnete Reihung von Tätigkeiten.

Wettbewerbsvorteil sind die Vorteile eines Unternehmens in einer marktrelevanten Dimension (Preis, Qualität, Lieferfrist, Kundenbindung usw.). Ziel jedes Unternehmens ist es, Wettbewerbsvorteile zu erlangen, um so das Fortbestehen des Unternehmens zu sichern. Dies kann ein Unternehmen durch einen natürlichen Vorteil (z. B. günstiger Standort), durch Rationalisieren, durch die Ausnutzung von Skaleneffekten oder durch Prozessoptimierung erreichen.

Sachverzeichnis

Printed by Printforce, the Netherlands